周凯　高福进　著

口罩文化史

病毒、符号与身份建构

上海交通大学出版社
SHANGHAI JIAO TONG UNIVERSITY PRESS

内容提要

本书以口罩作为研究对象，通过历史纵向的梳理和现实横向的分析，聚焦于三个核心议题：第一，现代口罩是如何而来的？（从中国历史和世界历史角度展开）；第二，口罩是如何从专业群体走入寻常百姓家的？（从医学到流行病防治，再到空气污染等）；第三，口罩对现代社会的多维度影响（流行文化、艺术、政治等）。通过以上三个问题的解析，展现小口罩里的大世界和东西方对待口罩的文化异同，并由此引发读者对人类命运共同体的深入思考。

图书在版编目（CIP）数据

口罩文化史 / 周凯，高福进著．—上海：上海交通大学出版社，2020
ISBN 978-7-313-23635-7

Ⅰ.①口… Ⅱ.①周… ②高… Ⅲ.①口罩—文化史—世界 Ⅳ.①TS941.724-091

中国版本图书馆CIP数据核字（2020）第183574号

口罩文化史
KOUZHAO WENHUA SHI

著　　者：周　凯　高福进
出版发行：上海交通大学出版社　　地　　址：上海市番禺路951号
邮政编码：200030　　电　　话：021-64071208
印　　制：常熟市文化印刷有限公司　　经　　销：全国新华书店
开　　本：880mm×1230mm　1/32　　印　　张：7.5
字　　数：147千字
版　　次：2020年10月第1版　　印　　次：2020年10月第1次印刷
书　　号：ISBN 978-7-313-23635-7
定　　价：58.00元

前　言

在人类文明的漫漫历史长河中，漂浮着一朵晶莹剔透的人造花，它在数千年人类文明发展中不断演进，尤其在某些领域和事件中发挥了不可替代的作用，它拯救过无数人的生命，保护人类免受凶残病菌的侵扰与吞噬。

它，就是我们熟悉的口罩。

今天的中国人对口罩不会陌生。尤其是2020年新冠疫情席卷全球，佩戴口罩是我们每个人抵御病毒的简单而有效的防护措施。然而，口罩不仅是一种医疗卫生防护用具，其背后更有深厚的人类历史文化积淀，当之无愧是一种人类社会的文化产品。那么，口罩又具有哪些文化内蕴呢?

文化是人类创造的一切社会成果的总和，亦即包含人类所创造的物质文化和精神文化。口罩展现了人类在诸多方面的智慧与创意，它既是一种物质文化，也是后来公共卫生理念和民族区域文化的符号载体。毋庸置疑，人类文明的进化史与人类社会的疾病史相伴而行。人类的进化和人类社会的发展实际上也是与各种疾病不断斗争的历史。纵观全球，各大主流文明及民族几乎无一例外地经历过重大瘟疫的袭击。在很多地方，所经历过的一些重大瘟疫对当地民族造成了灾难性的影响，这种影响甚至左右了该区域历史发展的走向。

瘟疫虽然令人闻风丧胆、谈虎色变，但不同文明中的人们在对抗瘟疫过程中也有不约而同的发明——“类口罩物”。

若是从公共卫生和防疫视角来看，“类口罩物”是古代中国人、古罗马人、古代波斯人、阿拉伯人以及中世纪欧洲许多民族殊途同归的发明和创造。当然，面巾、面罩等“类口罩物”无法与现代人所使用的口罩相提并论，但其主要功能已经体现在抵挡不洁之气的传播之上，可谓形不似神似。不过，论及真正意义上的口罩的发明，若与公共卫生危机事件直接关联，那么，欧洲人应该是走到前面了。中世纪“黑死病”爆发导致大量人口死亡，也促成了“鸟嘴面具”——一种真正意义上医用“类口罩物”的诞生，其直接的作用就是防疫抗疫。之后尤其是近代以来类口罩物的不断改进和完善就是为了防病防毒（气）。19世纪后，近代医学、科学飞速进步，使得口罩的发明有了明确的科学理论依据，人类进而发明了真正意义上的口罩。在口罩的发明与普及上，中国人也是重要的参与者和贡献者。在20世纪初期，我国的伍连德医生在应对哈尔滨鼠疫的危急时刻，改进和完善了一种独特的“伍氏口罩”，对世界医学和公共卫生事业做出了巨大的贡献。

除了具有医疗卫生和防疫这些作用外，“类口罩物”和现代口罩也是人类文明发展和文化交流互鉴的一种象征符号和物质载体。从人类文明演进史来看，“类口罩物”的发明和出现，往往与宗教信仰或者思想派别有着直接的关联。古波斯人的类口罩物体现了这一点，中国先秦时期的“面巾”

也与此有关，并且直接影响了日本忍者的“面罩”。此外，若从侠、盗等“亚文化”的视角来衡量，“类口罩物”则是中国人、日本人、近代欧洲人的发明，它由此衍生、拓展了现代的艺术产品，从时尚设计到绘画创作，从文学创作到影视作品，口罩作为一种重要元素，踪迹随处可见，对一代又一代人产生了巨大的影响。

从社会风俗的角度来看，口罩也融入了现代人的日常生活之中，尤其是亚洲地区民众对戴口罩的接受度较高。一方面，亚洲各国近年来遭遇了空气污染的现实问题，戴口罩是普通民众抵御雾霾的一种无奈之举。其实，类似举动也曾在英国伦敦和美国洛杉矶的雾霾治理过程中出现过。另一方面，口罩文化也逐渐变成人们日常生活中的一种流行文化。最为显著的是当代日本人尤其是日本年轻人戴口罩的生活习惯，这种生活习惯也部分程度地影响了东亚。深究一下，日本人的这种“生活习惯”其实与其民族精神——所谓“忍者”精神和谨言慎行的传统有渊源关系。此外，一些人佩戴口罩的理由正逐渐从个人卫生防护向寻求心理安抚转变，就像是在网络空间实现了匿名交流一样，戴上口罩能避免社交中的尴尬和心理压力。

2020年的全球“战疫”中，口罩变成了实实在在的抢手货。从亚洲到欧洲，从美洲到非洲，再到大洋洲，口罩仿佛主导了一场声势浩大的全球战疫大联盟。上半场，世界各国储备的口罩通过各种渠道从世界各地输入中国，有力地支援了中国民众抗击新冠疫情；下半场，中国人把自己生产的口罩通过各种方式不断地输送到迫切需要援助的国家和地区，用行动诠释着人类命运共同体的内涵与意义。如果说新冠病毒疫情是一场没有硝烟的战争，那么口罩就是团结世界民众、构建抗疫统一战线的信物，一片片口罩仿佛在不断吟唱“我们是同海之浪，同树之叶，同园之花”的诗句。

在当今世界政治舞台上，作为防疫装备的口罩被一些政客刻意地政治化和标签化，无奈被卷入了政党政治和国际政治的各种纷争。本来属于公共卫生科学领域的议题，演变成了政治斗争、政治表演、政治站队的焦点问题。更令人愤愤难平的是，一些国家的领导人刻意拒戴口罩，以此打造自己政治强人的形象，心心念念的是即将到来的大选以及如何保住自己的位置，而置数十万人的生命于不顾。可怜的是，这些国家中相当数量的民众被政客蒙蔽，人们对佩戴口罩依旧不为所动，尽管确诊病例和死亡病例持续攀升，但许多人依然歌舞升平、满不在乎。

从东西方文化差异来看，戴不戴口罩形成了非常有趣的鲜明对比。中国、韩国、日本乃至东南亚的民众都严格遵守政府关于公众场所佩戴口罩的规定；然而，在欧美各国，口罩强制令遇到了空前的抵制和抗议，许多人认定这是对其自由的限制和权利的侵犯，各种由佩戴口罩而引发的街头抗争此起彼伏。在2020年发生如此重大疫情的残酷现实背景之下，戴不戴口罩成为检验民族、国家、文化、传统、政治体制等诸多方面的“试剂”和“试金石”。

如同任何一种“物”的发明和创新一样，口罩的发明既是人类文化的一种缓慢而深厚的积淀，更是数千年来人类文明加速发展的必然结果。如今，口罩已成为一种象征。它几乎是鉴别国家、民族乃至区域文化的“脸谱”，既可以成为某些国家不可或缺的防疫抗疫的医护用品，也可以成为某些国家或文化圈少数人看待其他民族的“有色眼镜”，亦成为一些国家不同阶层不同年龄的人“别有他用”的象征之物。

时至今日，新冠疫情依然在某些大洲某些国家“肆意妄为”，这些国家的民众深受其害，而有些政客却为了一己之利不顾生命至上的底线。众人的心境亦如同被口罩遮住整个面部后仅仅露出的眼神那样，时而迷离时而迷茫且沉重……

目 录

「导言」

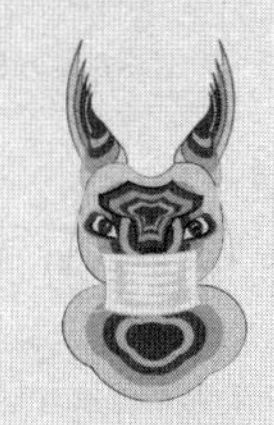
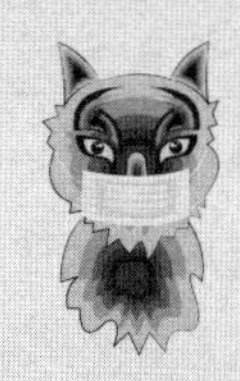

口罩的文化密码

2020年突如其来的新冠肺炎疫情，让所有人措手不及，却让口罩大显身手。这件原本在人们生活中存在感不强的小物件一下子C位出道，摇身一变成了人们日常生活的必需品。口罩，不仅是每个人保护自己与家人的防护用具，甚至还是人们行走江湖、接触社会的必需通行证。其实，戴口罩是一个既满足利他性又满足利己性的举动。一方面，这是个人社会责任感和保护他人意识的彰显，无疑对公共卫生和群体防疫具有积极影响；另一方面，佩戴口罩不仅保护自己的健康，还可以使个人免受同辈的压力——与勤洗手相比，戴不戴口罩一目了然，自己的行为会被更多人注意，“不戴口罩就像出门没穿裤子”。由此，口罩已经不再是单纯的卫生防疫装备，还是一件具有显著社会文化属性的物品，隐藏着诸多人类社会文化发展的基因与密码，值得我们对它重新审视与思索。

毋庸置疑，从功能属性上来看，口罩最重要的用途依然是医学防护。在病菌容易传播的地方，佩戴口罩是免受外部病菌入侵或气味侵扰，从而保护身体健康的必备之物。当然，对于今天大多数普通的中国人而言，关于口罩的记忆往往要追溯到2003年“非典”疫情（SARS）以及近些年冬季出现的雾霾天。然而，口罩从未有过像今天这样显赫的位置：由于新冠病毒具有的强烈传染性，口罩瞬间成为中国人生活中的抢手货和硬通货。平时少有人问津的口罩，片刻间变成每个人生活中不可或缺的物品。当国内一“罩”难求时，许多海外华人华侨以及留学生自发组织起了“扫街”买口罩行动，采购了各种款式的医用口罩邮寄回国；当全球口罩紧缺时，中国政府和社会各界又为世界各国支援了大量口罩。在这期间，发生了许多围绕口罩的趣事，比如捐赠口罩时的诗词寄语、佩戴和摘掉口罩的方法辩论、口罩与时尚穿搭指南等。大街小巷，网上网下，人们纷纷仿佛炫耀般地讨论着关于口罩的各种话题。如果让全民选出一件2020年最受老百姓关注的生活物品，那一定非口罩莫属。

一、口罩的前世今生

我们所熟悉的口罩（英语：mask或facemask）通常指的是用于遮掩口鼻的防护用具。它的基本样式也比较简单：一块长方形的多层布，在其中一条长边的下面放进一条金属丝，每条短边的两端都连有一条带子。金属丝可以弯曲贴合鼻梁的曲线，两边的带子挂在外耳上起到固定的作用。口罩佩戴完成后，它遮住的仅是人们的口鼻。顾名思义，口罩就是要遮掩人的口鼻。

人类遮掩口鼻的历史极为久远，最早要追溯到各种宗教祭祀中所使用的面具。使用面具进行祭祀活动的行为，在各大古老文明中都可以发现。例如，在中国三星堆遗址就出土过令人叹为观止的青铜面具，这些青铜面具几乎全是方正脸形，大耳高鼻，其双眼呈外凸状，表情似笑非笑、似怒非怒。当然，这些古老文明中发现的面具和今天的口罩有本质差别——最显著的差异在于遮蔽性不好，没有医学上的用途，而更多是象征性的文化内涵。

当时，保有原始的万物有灵信仰的人们，会在进行祭祀活动时将自己的面部用面具遮蔽。人们这样做的原因是他们相信通过戴面具的方式可以让自己所信仰的神灵降临在自己身上。原始社会的人们在面临灾难时，无法通过自身的力量反抗，所以他们相信世界上有一些超自然的力量在统治他们，抑或是有一些外来的力量使他们经历苦难。所以，他们试图通过戴面具使自己获得神的眷顾，以祛除外在的不洁和灾难。同理，涂面的行为也可以做类似的解释。如在印第安人的部落中，极为流行涂面和人体彩绘，这样做同样是为了让神的力量降临在自己的身上，从而让自己变得战无不胜。

公元6世纪的中东地区，拜火教同波斯帝国一起蓬勃发展。拜火教也称琐罗亚斯德教，是为人熟知的二元论宗教之一，信奉光明，摒弃黑暗。他们认为，火可以为人类带来光明，所以火是他们崇拜的对象。在祭祀时，为防止人的呼吸污染圣火，他们会带上白色的半覆面面罩以遮蔽口鼻。拜火教将白色尊为圣洁的颜色，他们的面罩自然选择了白色。这种面罩已经具有了现代口罩的外形基础，但更为重要的是这种面罩开始从宗教仪式中的象征含义向遮蔽外来不洁之物的卫生防护功能拓展。从某种意义上而言，拜火教的面罩是宗教面罩向医用口罩演化的一种过渡之物。

人类社会专门为保护呼吸系统而发明的口罩其实可以追溯至公元1世纪的罗马帝国。古罗马百科全书式的伟人盖乌斯·普林尼·塞孔都斯（Gaius Plinius Secundus）使用动物膀胱的表皮来遮盖人的口鼻，以防止吸入有害的粉尘和汞化物。“膀胱口罩”的发明从功能上来看完全符合今天人们对口罩的基本认知——遮盖口鼻，保护健康。然而，普林尼本人却在一次观察维苏威火山喷发时，吸入了大量有毒气体而死。发明口罩的人，却忘了戴口罩而死在了毒气之下，这也算是造化弄人了。

无论如何，这种最原始的防护措施，确实成为今天医用口罩的功能性先祖。从此，口罩与面具面罩等面部遮盖物分道扬镳，不再作为一种象征符号，而是逐渐展现出自身在医学领域的功能属性。这一点在欧洲中世纪对抗黑死病的历程中更加凸显。黑死病，也称鼠疫。即便是在现代医学高度发达的今天，这种最早记录于东罗马帝国时期的流行病，仍然可以让许多人胆战心惊。

众所周知，黑死病这种在中世纪造成了欧洲大量人口损失的疾病，对欧洲历史进程乃至人类社会发展带来了深远影响。宗教改革的发生、人文主义思潮的兴起，文艺复兴浪潮的出现，甚至现代医学的跨越式发展都与欧洲中世纪经历黑死病有着千丝万缕的联系。

由于黑死病的恐怖流行，当时的人们可谓极尽能事地进行了各种各样的自我防护。比如，人们会在口袋里放入鲜花来抵御病菌传播。这是由于病死的人群数量过于庞大，以致尸体无法处理，只得放置在露天各处，而使所有地方都臭气熏天。人们误以为导致黑死病感染的原因，是这些逝者身上染上了某种臭气，因而以为在身上携带鲜花可以抵御臭气入侵。

对于当时的医生来说，浸过蜡的防水亚麻衣、木棍和鸟嘴面具都是最基础的标准防护配置。如此穿戴的人远处看上去就像是死神一样，让人不寒而栗。鸟嘴面具的发明者是法国的医生查尔斯·德·洛姆（Charles de Lorme）。那么问题出现了，为什么面罩的外形要设计成鸟嘴的形状而不是像后来的防毒面具那样的猪嘴形状或其他形状呢？原因其实很简单，灾难折磨下的人们无法在理性上寻找到出路，便回归了原始的信仰——很多人认为带来黑死病的是一种既看不见也防无可防的超自然力量。于是，人们希望用代表死亡的乌鸦形象来避开死神的目光，在理性上做好防护的同时，也希望用咒术的手段躲避死亡。我们可以想象那时人们心中的惶恐、纠结和无助的心理。鸟嘴面具显然具有功能性的价值，也具有象征性的含义。它既不完全像今天的口罩，也与原始的面具有所差异。那是一个科学思维与原始信仰博弈的时代，也预示着现代医学和现代口罩的即将来临。

1895年，德国医生米库里兹·莱德奇（Mikulicz Radecki）发明了用纱布制作的用来遮掩医生口鼻的医用口罩，这被认为是首款现代医用口罩。现代口罩的普及与20世纪初两场重大传染病有着莫大的关联。1918年西班牙大流感当属人类历史上经历过的最严重流感之一——当时全球超过30%的人口被感染，死亡人数上千万。流行性感冒，与癌症、艾滋病一样，是现代社会人类所面临的重大流行病之一。这类疾病由于病毒表面所覆盖的蛋白质极易变异，所以专项疫苗的研发具有相当的难度。为防止交叉感染，口罩是医生和民众的必备防护用品。此外，20世纪初全球鼠疫爆发，殃及众多国家。1910年中国东北出现鼠疫，疫情发展异常迅猛，伍连德医生发明了用双层纱布内置一块吸水药棉的“伍连德口罩”，在疫区广泛推广，大大降低了鼠疫的病死率和传染率。伍氏口罩后来也得到了来自世界各国的医学专家们的认可与推广。

随着自然科学与现代医学的兴盛，口罩也确立了其在医用防疫和公共卫生上的绝对位置。与此同时，工业化和城市化也给地球环境带来了严重污染，人们为了保护自身的呼吸系统，出现了防雾霾防污染的新口罩。再后来，口罩的用途从医用防护和抵御污染扩展到现代社会的方方面面。在大众眼中，口罩的功能不仅是防护病菌侵入，在用途和款式上也开始多元化发展。

二、口罩的文化属性

在现代社会，口罩早已不仅是具有防护功能的专业用品，更是折射不同民族文化和大众心理的一面镜子。在东西方社会，人们对于佩戴口罩的理解、认知和心理反应存在客观而真实的差异。

在欧美国家，公众对任何形式的掩面者和蒙面人都较为反感。自20世纪中期开始，欧美各国先后制定了多部相关法案，严禁所有民众（无论何种宗教信仰和文化传统）在公共场合特别是示威游行时蒙面（除政府准许的节日聚会或娱乐节目以外）。违反者将要面临监禁与罚款的法律制裁。这一立法传统与近代以来欧美国家经历了一波又一波的社会运动和街头政治有密切关系。从20世纪60年代的美国民权运动到21世纪以来无处不在的绿色环保行动，从美国同性恋群体平权运动到法国社会的“黄背心”运动，暴力行为与蒙面行为几乎是如影随形。人一旦通过蒙面而隐藏身份，“蒙面之恶”将会被释放出来。随着恐怖主义和宗教极端主义的抬头，反对公共场合蒙面或掩面已经是欧美各国的共识。

相比之下，许多国家对掩面或蒙面有着截然不同的看法。有些阿拉伯国家有明确要求，女性出门必须从头到脚严严实实地包裹起来，主要服饰为长袍、头巾加面罩，只露出眼睛，以保护其荣誉和尊严。在日本文化之中，也有着覆面的传统。日本的神前式婚礼之中，女性要穿着一身白色和服，面部需要用白色的布遮挡。这样做的原因在于，日本传统文化中女性不被允许直接面对神灵。与此类似，在亚洲的一些民族与宗教的传统婚礼上，女性都会佩戴遮挡面部的绢丝物品，因为新娘的面容被他人看到属于非常失礼的行为。此外，东亚地区的女性，在生活中因为来不及化妆而时常选择佩戴口罩，目的就是为了隐藏其自认为不完美的样子，公众对于在公众场合佩戴口罩的认同度也相对较高。

除此之外，东西方民众对于佩戴口罩存在迥然不同的文化解读。在西方，口罩始终是与医疗卫生相关，佩戴口罩的人群无外乎医务工作者、患病者和病患照料者。戴口罩往往被视为一种“异类表现”，只有得了非常严重疾病的人才戴口罩，而普通居民在日常生活中很少佩戴或购买口罩。在东方，特别是东亚地区，口罩早就成为人们熟悉的日常生活用品，如同手套、围巾、帽子一般，是人们防寒保暖、防尘防霾的常备之物。许多民众也养成了出门佩戴口罩的个人卫生习惯，这既是对自我的保护，也是为了保护别人。总之，西方人对戴口罩的行为总是有一种莫名的不安，而东方人则能从戴口罩里寻找到一种安慰。东西方民众对于口罩的文化心理区别甚大。

三、口罩背后的大千世界

口罩的文化史，似乎可以按照两个坐标方向展开，即人类历史发展的纵向坐标和当今现实世界的横向坐标。从人类历史发展的角度来看，口罩如何从宗教面具、祭祀面罩等各种类口罩物一步步衍生而来？中国历史中存在哪些关于口罩的文献记载与重要发明？世界历史中出现过哪些著名的口罩样式与真实故事？我们今天所使用的口罩近代以来又经历了哪些发展和变化？它是如何走进寻常百姓家？它又是如何从医疗防护用品变成防尘防霾利器？

从今天的现实世界角度来看，在2020年新冠战疫中，口罩扮演了怎样的角色？围绕口罩发生过哪些感人的故事？又产生了哪些不同意见和争论？“罩”顾全球的环球诗词大会是怎样上演的？中国如何从“一罩难求”到“口罩自由”？美国为何出现了由口罩引发的政治分裂？戴口罩究竟是一个科学问题还是政治问题？全球抗疫之下的口罩怎么又变成了文艺时尚界的宠儿？东西方社会对佩戴口罩存在哪些真实的文化差异？经此一“疫”，口罩会不会成为构建人类命运共同体的重要文化符号？

关于上述这些问题的分析思考是口罩文化史研究的题中应有之义，也是本书试图去解答的重要内容。无论是纵向坐标还是横向坐标，两个维度共同展现的其实是看似普普通通的口罩背后所承载的人类历史演进、社会发展、文明交流、文化传承、习俗变迁等诸多维度的重要信息。一言以蔽之，这本书所关心的正是小小口罩背后的沧海桑田、大千世界和芸芸众生。

在后新冠时代，我们每个人或许能够更加冷静和客观地重新审视有关口罩的一切。如同经历过20世纪初大萧条（Great Depression）的人们会保持节约的习惯一样，抗击新冠肺炎疫情的经历也必将在我们这一代人身上打上烙印。也许从今以后，我们无论前往何方或置身何处，总会习惯性地随身携带几个口罩。它不是可有可无的存在，而是人们生活中必不可少的一部分。既然如此，我们为何不一起来了解口罩背后的故事?

「第一章」

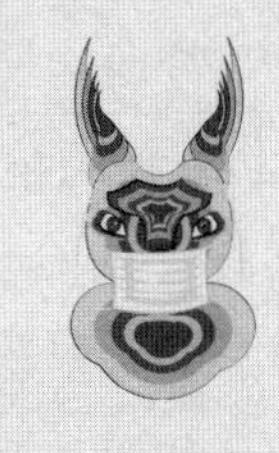

口罩的中国历史

何谓文化？简言之五个字：人+创造=文化，亦即人类通过劳动所创造的社会性的成果，就是“文化”。创造意味着创新，创造出之前所没有的文化成果，包括人类所建立起来的所有的物质文化和精神文化，比如迄今所知最早的人类文化成果——旧石器；当然，也有不断翻新的精神文化成果，如当今各国各民族的政党制度或宗教信仰。因此，任何文化成果离不开“创造”之创新性，最早的打制石器如石刀代表着最先进的武器或工具，它的发明者和持有者成为一方霸主，而石器钻孔技术的掌握也许成就了一个全新的区域社会（society）的形成、发展、强盛和延续。

口罩就是这种“文化”。它最初的诞生就是一种伟大的发明和创新，而无论发明当时最初的用途如何。在我国，作为口罩物的“类口罩”，早在先秦时期已经有记载了。

一、样式百态的类口罩物

中国人向来认为，人与人之间面对面讲话、交流，口气不洁者或者有口臭的人，最好用自己的手或衣袖遮挡正在讲话的口腔，或者做出象征性的动作，以示礼貌。为防止粉尘和口臭等污染，古人开始用丝巾做成“口罩”，或以手遮盖自己的口鼻。如“掩口，恐气触人”[①]及“西子蒙不洁，则人皆掩鼻而过之”[②]是文献记载的佐证。

《礼记》所载的内容反映的是上古时期的生活。那时期的女子外出，已需要遮挡其面，这种符合商周（可能是更早的历史时期）以来礼仪文化的行为，在实际的自然生活环境下也有遏制和阻隔风沙、尘土、烟灰等有害物体的意义，遮挡之物即为“面衣”。“面衣”不仅遮面，女性的身体自然也被包裹得严严实实，实际上也是颇为实用之物。先秦时期，《礼记·内则》所载“女子出门，必拥蔽其面”，作为一个贵妇人，她外出时必须戴上遮住自己面部的巾帕——此即所谓“面衣”。后世文献及演义小说则将这种记载加以引申、拓展，给观众以活脱脱的印记，尤其是武侠小说和当今银幕上特定的女侠或以丝巾蔽面的形象。不过，使用绢布巾帕还是很奢侈的，这种习俗大多出现于中国古代的宫廷和富豪人家。

如此“类口罩物”的“灵感”闪现，足以造就全新而特殊的行业及从业者。譬如说先秦以来就存在的职业杀手（刺客、剑客、侠者之类），他们是被雇佣者或待价而沽者。如墨家学派的成员、春秋时期的四大刺客、被秦国太医李醯雇佣并刺杀扁鹊的刺客、刺杀秦王嬴政的荆轲……

---

① 《礼疏》；又有《礼记·曲礼上》：“负剑辟咡诏之，则掩口而对。”孔颖达疏：“掩口，恐气触人。”

② 《孟子·离娄章句下·第二十五节》。

这些大约2 500年前的职业杀手、经常被一方霸主雇佣的刺客们时常游走于江湖，他们也如同19世纪美国西部牛仔那样，为了遮挡风沙，同时也为了隐藏自己的真面目，而带着面巾或者大方巾。这种古代面巾也可以算是一种“类口罩物”。

《西京杂记》中记载有“金华紫罗面衣”。这种“面衣”更有一个流传后世的传奇故事：西汉著名的美女赵氏号飞燕（前45年—前1年），自平民之家入选宫中，终为汉成帝刘骜的第二任皇后，成帝驾崩后做了多年的皇太后，最后在被贬为庶人的当日自杀身亡；以美貌流芳后世的她与后来的杨玉环并称为“环肥燕瘦”。西汉成帝鸿嘉三年（前18年），赵飞燕被封为婕妤；永始元年（前16年）六月被封为皇后，赵飞燕被册封立后之时，其妹送给她一件至尊贺礼，这件宝物就是那件著名的“金华紫罗面衣”。这一珍贵礼物是古代社会生活的缩影，那时只有上流社会才能够真正拥有这种奢华的“面衣”，平头百姓何谈“面衣”。

魏晋南北朝时期，由于那一特殊历史时期的社会风尚，一些男人也穿女人衣裳（如魏晋玄学家何晏等人），自然也有所谓“面衣”。后世继续发展，果真出现了“男款”——譬如有名的“苏公帕”，就被认为是这种面衣的拓展版。

中国人被视为最早的口罩或“口罩物”的发明者，是基于现代意义上的“口罩”的概念，因为口罩主要用于防止有害气体（也包括沙尘、从嘴里呼出的“不洁之气”）、病菌的传播，所以制作口罩的材料就主要是轻薄透气的纺织物，中国的丝绸、丝绢就是这样的纺织物，而即便其他国家有类似“口罩”的设计，也无法获得大量轻薄透气的纺织品。欧洲黑死病大爆发期间，他们的“口罩物”只能使用比较重的材料。

古代中国卷帙浩繁的文献典籍中，记载更多的是面衣、方巾、手帕、手绢、折扇等“类口罩物”，而非真正意义上的口罩和口罩物。从我国的历史记载里，以及古代小说、古装戏中可知，大家闺秀、闺阁小姐的一种“规定动作”是以帕掩口，所谓“笑不露齿”。这已然成为中国的生活习惯和礼仪规范。女子在客人、外人（尤其是男性）面前，用手帕、绢布、丝巾、广袖、折扇等，遮住自己的面部不露出牙齿，不让别人看到表情，是一种典型的行为规范和社交礼仪。在古代中国漫长的历史中，“类口罩物”是一种“戒备和防范”的象征性物品，这种遮挡的意义更在于礼仪和教育功能方面，而非我们强调的卫生防疫作用。

二、马可·波罗与绢布口罩

中国古典文献中鲜有关于口罩的明确记载，但在意大利著名旅行家马可·波罗对中国元朝的描述中，我们有了意外的发现。《马可·波罗游记》(又名《东方见闻录》)中这样记载:"在元朝宫殿里，献食的人皆用绢布蒙口鼻，俾其气息，不触饮食之物。"书中描述的元朝宫廷送膳人员所佩戴的就是被认为非常接近现代口罩样式和功能的绢布口罩。马可·波罗解释道:"在大汗身旁伺候和预备食品的侍者，都必须用美丽的面纱或绢布将鼻子和嘴遮住。这主要是为了防止他们呼出的气息触及大汗的食物。"这种绢布口罩客观上起了阻隔传染病病毒的作用。当然，此处"口罩"主要是为了避免口气重的侍者污染皇帝的食物。

有学者以此为据，激动地提出中国元朝时期宫廷里出现了用绢布制作的真材实料的"绢布口罩"，故而中国人在元朝就已经发明了口罩。这种论证显然操之过急。首先，历朝历代王宫豪富的深宅大院里的传菜者佩戴绢巾以遮掩其口鼻，从卫生防疫的视角来看，完全可以理解。元朝未必就是最早施行这一规矩的王朝，或许采用"蚕丝与黄金线织成"的"绢布布料"倒是历史上首次。其次，绢布确实蒙住了侍者的口鼻，这是确保"肉食者"饮食不被"下人"的不洁之气污染的(通常)措施。这种绢布口罩其实还是"类口罩物"的"姻亲"，是先秦时代就有记载的那种"面衣"的一种。最后，《马可·波罗游记》的真实性至今存疑。马可·波罗是否真的来过中国一直是学界争论的焦点议题。虽然其游记里所记述的内容的确体现了中华大地的文明状况，但对于侍者佩戴绢布口罩这一处生动细节的描述，总是让人不禁思索为何其他典籍中未有相关的佐证。无论如何，即使马可·波罗真有其人，而且的确是不远万里踏足中国，那么在元朝宫殿里为皇帝端茶送饭的侍者面部戴着的由细纱绢布制作的“类口罩物”，实际上就是那类以蚕丝、黄金丝等织成的“面巾”。

当然，有学者还认为元朝人或许真的知道人经由口鼻呼出的气息必定污染饮食，如此可能会导致皇帝皇后生病甚至被传染上恶性疾病。因此，太监宫女们在奉上饮食用品甚至其他东西的时候，必须要用这种“绢布口罩”遮挡住自己的口鼻，避免呼出的“恶气”（当然，可能有些太监的确有口臭，为此早就存在这种设计和措施）“喷射”到帝王所用的食物上面。自夏商周开始，纵观数千年来的王朝演化史，“面衣”“绢巾”、绢布、丝巾等并不鲜见。各类历史记载中，因各种重大疫情特别是传染病疫情，帝王及御医要求宫人和侍者都佩戴上述面衣、绢巾类的口罩物，应该是可以信服的。

然而，这种原理简单的绢布口罩是否被广泛使用甚至在民间推广呢？答案显然是否定的。据《马可·波罗游记》所载，上述“绢布”以蚕丝和金丝制成，这种细纱绢布、丝织品口罩物，透明而且效果颇佳，然而造价过于昂贵，大户人家尚且难以承受，更不用说民间的普通百姓了。民间百姓若是用粗麻布或者其他东西制作类似物品，则既无必要（平民百姓估计也舍不得），也无太大效果。

绢布口罩也好，面衣也罢，都是中国历史上各个时期曾经发挥过口罩功能的类口罩物，体现了中华民族的智慧与才能。当然，中国人真正开始接触现代意义上的医学口罩，是因为20世纪初的一场世纪大瘟疫。

三、哈尔滨鼠疫与伍连德口罩

中国人大规模佩戴口罩始于一百多年前。起因是我国东北地区发生了重大疫情，这期间有一位名叫伍连德的医生发挥了巨大的作用。这个名字今天很多人或许并不熟悉，但他在中国的口罩史上，留下了浓墨重彩的一笔。

“鼠疫”是一种传染性极强的瘟疫，是世界卫生组织认定的“甲类”传染病，令人色变的艾滋病、狂犬病只不过是传染病中的“乙类”。纵观人类疾病史，有记载的三次重大鼠疫分别是公元6世纪中叶之前东罗马帝国查士丁尼皇帝统治时期的“查士丁尼鼠疫”、欧洲中古时期的黑死病，以及19世纪末波及我国东北地区的全球鼠疫。

尽管事件已过去一百多年，但对于许多研究者而言，那场卷走了6万余人性命的灾难仍然具有历史研究价值。正是那场鼠疫战真正揭开了近代中国最早的科学防疫工作序幕，它在组织管理、措施实施、医疗救护、防疫检疫等方面，留给后人许多值得借鉴的经验。同时，透过这次事件，我们也可以窥视清末民初社会的发展状态及当时人们的社会观念。

伍连德将火车车皮改造为一百多年前的临时“方舱”——鼠疫隔离所

1910年10月25日，位于我国东北地区的满洲里发生了传染性极强的鼠疫疫情。到同年11月8日亦即不到半个月的时间，迅速传播到“北满”的中心地带——哈尔滨。随后，这一重大疫情犹如洪水冲破堤坝，席卷整个东北平原，继而影响华北各地。当时人人自危，都认为是老鼠引起的传染病，将这些老鼠视为最大祸害和传染源。然而，冰天雪地、严寒至极的东北哪里有那么多老鼠！当时甚至传出了喝猫尿的偏方（老鼠的克星当然是猫），而且极为盛行。在那个落后的时代，老百姓大多是“病急乱投医”。乱世出枭雄，时势造英雄。在这个关键时刻，出现了名闻后世的“学霸”伍连德。这位剑桥大学的医学博士，立即发现了问题的所在。伍连德医生遵循科学规律，通过解剖死亡者的尸体确认瘟疫是通过人与人之间传播的，是通过呼吸和唾液传染的，根本不是由老鼠直接传染给人类的。伍连德因此成为防治此次重大鼠疫的关键人物。

伍连德（1879—1960），祖籍广东广州府新宁县（今台山市），出生于马来西亚槟榔屿。他自幼聪明好学，17岁就获得英国女王奖学金，赴剑桥大学意曼纽学院攻读细菌学，24岁获得剑桥大学医学博士学位。作为中国卫生防疫、检疫事业的创始人，他是我国现代医学、微生物学、流行病学、医学教育和医学史等多个学科领域的先驱，也是中华医学会首任会长、北京协和医学院及协和医院的主要筹办者。

当时的东北，名义上属于清朝政府，但在国家孱弱、民族不振和边疆不稳的多重危机之下，早已沦为外国列强的半殖民地。这一地区实际上是处在日俄的控制之下。为此，要

伍连德：中国口罩史上的标志性人物

摸清疫情蔓延的情况，控制疫情、治病救人，必须得到国外势力的允许、支持——无论如何，这是一个令人不堪回首、备受凌辱的年代。伍连德医生率先“拜访”的是沙俄的霍尔瓦特将军，他当时任中东铁路管理局局长。凭借自己的学识、外语和对欧洲文化的熟悉，同时也凭借剑桥大学医学博士的头衔，这位30出头的医生终于打开了后续大规模全面抗疫防疫的局面。

伍连德博士时任北洋陆军医学院副监督，他不顾生命危险先来到重灾区——哈尔滨，冒着极大风险解剖了中国医学史第一具传染病尸体，这也是世界医学史上首次对鼠疫尸体样本进行解剖，从而解开了一些科学谜团。东北地区1910年发生的这场大瘟疫，主要是通过呼吸道飞沫传染，加之当时环境艰苦和卫生防疫条件有限，疫情发展异常迅猛。

当时同样正值春节期间，民众按照习俗走家串户，团圆聚集者甚众。面对如此严峻的防疫形势，伍连德当机立断，借助于处在末日阶段的清王朝政府的诏令，采取了一系列防控和遏制措施。

首先，阻断交通。当时的东北，拥有全中国最发达的交通网络，鼠疫随着人员流动呈现蔓延之势。清政府接到东三省总督锡良的疫情奏折：“如水泄地，似火燎原。”为此，伍连德奏请清王朝立即封锁山海关，任何出入者必须在隔离所内观察后方可通过。此外，南满铁路、京津铁路全部停止运行，全力避免鼠疫向关内蔓延。

其次，设立隔离区域。隔离实践古已有之，但是伍连德的隔离则是积极吸收欧洲国家近代以来的先进实践经验，亲自指导在疫情地区采取针对性的隔离措施，取得了立竿见影的效果。伍连德从洋人（沙俄）那里借来100多节火车的车皮，将其改造为临时的“方舱”——疫病的隔离所。

再次，积极在关内大规模征召医生，组织运输队伍，动员各行各业服务人员，一同对抗东北地区的疫情，集中力量进行防疫。最令人敬佩的是，伍连德顶住巨大的民意压力，要求将病患尸体焚化掩埋。

最后，要求人们佩戴口罩。在当时，推广戴口罩是极为艰难的，因为口罩的普及率不高，而且鉴于当时的经济条件，也不可能人人都能戴上口罩。为此，伍连德发明了一种更加简便有效的防疫口罩，在整个疫区推广普及。

总之，通过阻断交通、隔离病人、调集资源、焚化尸体、佩戴口罩等一系列切实有效的措施，哈尔滨媒体发布的死亡人数迅速降低，直至最终出现零死亡报告。伍连德医生在东北地区抗疫取得了巨大成功，挽救了无数中国人的性命。中华民国建立以后，1913年他被委任主管“鼠疫防疫局”事务；同年6月，总统袁世凯亲自接见并让他继续担任陆军军医学校的协办（已任职6年），此外还聘其为大总统侍从医官。随后，每当中国其他地区爆发鼠疫，伍氏的应对之策便继续发挥作用。例如，民国六年（1917）年底，山西爆发鼠疫，伍连德奉命防疫，因之前积累的经验，使鼠疫很快得到控制。民国九年（1920）年底，全国性的鼠疫再次爆发，这次在他及同行助手的努力之下，成功地将灾害降低到最低程度。当然，抗疫的代价依然惨重，譬如他的得力助手之一、协和医学院毕业生、主管逐户检查的阮德毛医生因感染鼠疫而殉职。

正如前文所述，在防治鼠疫实践中，伍连德归纳总结了一系列行之有效的防疫策略。此外，他发明的“伍连德口罩”受到世界各地医学界人士好评，成为那个国弱民穷时期中国人的独到发明，后来它也在全球范围得到推广。伍连德口罩用极其简单的双层纱布缝制而成。这种双层纱布口罩，内置一块吸水的药棉，从而有效地防止了飞沫的传染，达到隔离病患飞沫的作用。这种口罩制造简单，材料易获得，成本低廉，只需当时的国币两分半；而且使用方便，疫区民众纷纷使用，从而大大降低了这次重大疫情的病死率和传染率。

哈尔滨鼠疫由于伍连德的不懈努力被迅速控制，各国的医学专家对此次伍连德采取的措施给予了高度评价，可以说这也是世界范围内一次典型的成功抗疫案例，后来伍氏被冠以“鼠疫斗士”称号。1911年4月，清政府在奉天（今沈阳）组织召开了“万国鼠疫研究会”。在那个被人瞧不起的年代里，在中国本土举办真正意义上的世界医学学术会议实属难得。除东道主外，其他与会代表基本上都是来自英、美、法等11个列强。当时共有34位医学代表，而值得关注和自豪的是，伍连德当选本次研究会的会长。在本次顶级的世界医学学术大会上，来自世界各国的医学专家对方便、实用的伍氏口罩赞美有加——“伍连德发明之面具，式样简单，制造费轻，但服之效力，亦颇佳善”。这充分说明在那个备受外国列强凌辱的年代，中国人以自己的聪明才智完全能创造出令西方同行叹服的新发明。

在中国近现代史上，伍连德或许是个小人物，但他在20世纪初为中国的防疫事业做出了不可磨灭的贡献。为此，他还在1935年被提名为诺贝尔生理学或医学奖的候选人，这或许是20世纪中期中国人离诺贝尔奖最近的一次。抗日战争全面爆发后，伍氏离沪赴港，最后归根于出生地——马来西亚。1960年1月21日，伍连德仙逝于槟榔屿，享年82岁。

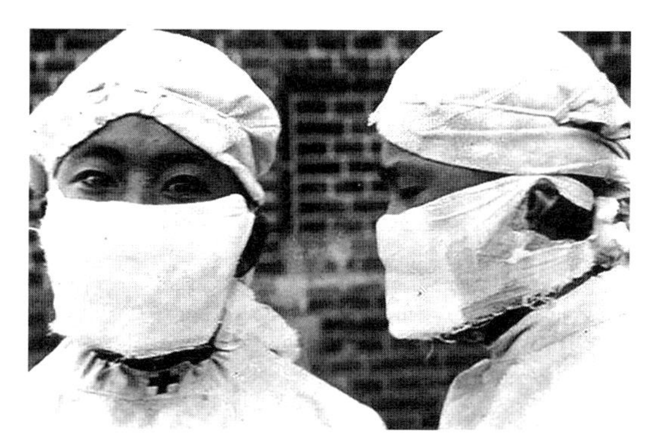

一百年前的“伍氏口罩”，古朴而实用

四、口罩进入寻常百姓家

20世纪20年代，口罩尤其是伍氏口罩在一些大城市开始普及，这当然也是因为重大疫情出现而致。我国自鸦片战争以来，各种传染病如霍乱、天花、白喉、伤寒、麻疹、疟疾、痢疾、猩红热等时常肆虐各地，尤其是人口密集的大城市深受其害。以历史记录比较丰富的旧上海来说，有12次大霍乱发生在1912—1948年，其中的6次影响甚大。1929年，上海还爆发了流行性脑脊髓膜炎，迫使上海市民不得不戴上白色纱布口罩。不仅是在上海，在当时的首都南京，著名的鼓楼医院备有充足的口罩，普通市民随时可以购买。

20世纪三四十年代，上海实际上走在了旧中国公共卫生事业和防疫制度建设的前面。普通市民佩戴口罩的现象，可以在许多现实生活的场景中见到。例如，我们可以在当时的报纸广告、通俗画报、杂志封面等文献材料中，时不时地看到戴着口罩的人，包括理发师、走向街道的民众、在渡口码头的市民、在学校打扫卫生的孩子，尤其是那些在医院里的人们，包括医生、病人以及探视病人的家属等。在这些场景中，佩戴口罩已属常见现象。

中华人民共和国成立以后，从中央到地方，各级人民政府掀起了一场场行动，彻底消灭了肆虐几百年的多种恶性传染病。在全民参与的爱国卫生运动中，口罩对于中国人来说已不再陌生。在中国民众眼里，口罩是开创科学防疫历史新阶段的见证者，是帮助人民群众战胜瘟疫的“钟馗”。当然，1949年以后的相当长一段时期，口罩主要还是医护人员等专门职业人士佩戴和拥有。改革开放以后，因为工业污染、卫生防疫、环境恶化等原因，广大民众佩戴口罩便成了更加日常化的选择，口罩也成为老百姓经常使用的生活用品。

进入21世纪以后，2002年末至2003年，中国爆发了非典型性肺炎疫情（SARS），我国内地累计报告临床诊断病例5 327例，最终治愈出院4 959例，死亡349例（另有19例死于其他疾病，未列入非典病例死亡人数中）。面对前所未有的病毒，口罩给惴惴不安的人们带来心理上的安全感。世纪回眸，瘟疫频现。20世纪和21世纪的前20年均遭遇了数次重大疫情：从20世纪初的全球性鼠疫传播到1918年西班牙大流感，从2003年的非典疫情到2020年的新冠疫情，这充分说明人类在自然灾害尤其是凶猛的传染病病毒面前是多么无可奈何。某种程度上而言，稳健且有效地对抗这一场场重大灾难的，是一块小小的纱布即口罩。正是这小小的口罩，“在某个我们注定无法得知的时间节点，参与了全人类的自救”。

「第二章」

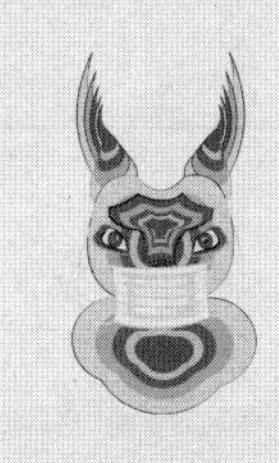

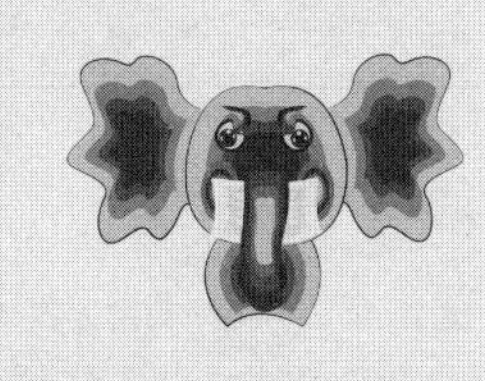

口罩的世界历史

人类史与疾病史始终相伴，人类的进化史和人类社会的发展史实际上也是与各种疾病不断斗争的历史。在人类文明开启后的数千年间，全球著名的区域文明及其主要民族所经历的重大瘟疫对当地民族造成了灾难性影响，这种影响甚至左右了该区域历史的走向。

“口罩”作为全新的发明物，究竟最早出现于哪一个国家或地区，是谁发明的，颇具争议。有研究认为，古代一些民族的人，因为某种事情或自然现象等觉得自己不洁净，会污染外界，于是就发明了最初的“口罩”。“口罩的诞生，最初不是为了不让进来，而是为了不让出去”。[①] 在欧洲，口罩的类似物是伴随着黑死病的爆发而自然产生的。当时的医生认为瘟疫的爆发主要是因为来自空气中的“瘴气”，他们在为患者诊治期间，为了防止“瘴气”进入体内，为了保护自己不被病人传染，于是发明了一种鸟嘴形状的面罩，并且在面罩里放些香料和草药——这是最早的防止瘟疫通过空气造成人际传染的有效方式。

① 杨杰，《世界环境》，2019 年第 4 期。

一、古罗马人的膀胱口罩

自2020年年初新冠肺炎疫情在全球爆发以来，以“疫情”为关键词的学术议题和日常话题成为各国舆论的焦点。其中，欧美新闻媒体报道的发生在西方世界的相关事件成为其他各国关注的世界新闻的重中之重。譬如，2020年3月24日美国《纽约时报》报道及评论中指出，成功的抗疫经验来自韩国和中国，不过它将积极的评价给了韩国，认为韩国遏制疫情的经验和方法更好，因为韩国没有采取“德拉古式”的严厉的限令，而中国则采取了“严苛措施限制言论和人员流动”。也就在同一天，美国及其媒体的“跟班”“小弟”——英国及其政治代言媒体《卫报》用《受灾的世界没有领头人》为题，对中美两国的抗疫进行评论，这一非常正式的“社论”郑重其事地指出：

> “尽管中国在疫情爆发后采取的德拉古式的严苛措施似乎至少在目前控制住了病毒在中国内部的传播，应该也为其他国家争取到了准备的时间，但中国当局掩盖了武汉爆发的疫情，压制那些试图提醒人们注意的吹哨人，让新冠病毒在内部传播之后又扩散到海外。”

这显然是近乎“夫唱妇随”式的恶意攻击。众所周知，中国的抗疫措施和经验为其他国家不同程度地借鉴，而且许多国家实际上也采取了相似甚至一样的模式：公共场所佩戴口罩、积极有效地隔离、停止大规模聚集……包括世界卫生组织在内的国际机构及众多国家对中国的经验和国际合作精神给予了高度评价 。

不过，美英所言的“德拉古式”措施和方法来自何时何地？德拉古是何许人也？让我们先从古代希腊人说开去。

古希腊著名政治家德拉古（Draco）大约生活于公元前7世纪，由于年代久远，其生卒年月不详。后世对其具体生平知之甚少，不过从有限的记述可知其显贵身份，他接受了良好的教育，曾统治雅典。

德拉古是古希腊的立法者，也是雅典的统治者。他在公元前621年整理、推出了古希腊历史上第一步成文法典——一部完整的“雅典法律”，亦即著名的《德拉古法典》。这部颇具争议的“革命性”法典，其特点是极为残酷。该法典规定所有的犯罪者包括犯有盗窃、懒惰行为的人等都要处以极刑即处死。该法典随后被更为著名的民主派领袖梭伦废除，后世用“德拉古式”（Draconian）指代残酷的法律、法令，形容这种法律是酷刑酷律。后世认为，德拉古法律并非用墨水而是用鲜血写成的。后来梭伦的民主改革基本上删除了这些条款，只保留了将谋杀者处以死刑等条款。

“德拉古式”限令作为贬义词被欧美国家的媒体频繁使用，成为欧美文化中对于“残酷无情”的一种描述。这一词语是欧美历史、文化、话语语境的自然表达，也自然被用于描述当今抗击疫情期间国家、政府、党派的政策和纲领指导下的措施。在这一特定条件下所采取的政策和措施，被西方媒体妖魔化，被批判为是侵犯自由、隐私、人权，甚至是专制和反民主的举动。

以美国为首的西方国家“甩锅”给中国正是因为出于意识形态的偏见，是一种“政治青春期逆反”的常规反应和心态，全盘否定、批判、指责中国应对新冠肺炎疫情的成功经验。澳大利亚著名媒体《澳大利亚人报》也曾指责中国的抗疫经验是在执行德拉古式法规，强烈呼吁澳大利亚人要保持和维护“澳大利亚特有的生活方式”。该报郑重其事地评论，“每一次听到政府宣布新的对自由的限制措施，就忍不住担心，因为在国家安全受到威胁的状态下当局收紧控制开始监控人民”。无疑，这些观点和反应体现了西方极端媒体固有的偏执与扭曲。

我们不禁追问，在这次重大疫情期间，一些西方人出门不戴口罩，难道就是对所谓“德拉古式”举措的针对性抗议吗？显然，情况并非如此。

希腊作为欧洲文明的发源地，他们的医学文献中包括对传染病的防治记载，是欧洲文明中最早的记述。在古希腊罗马时期的古典文明社会中，类似用口罩抵御呼吸恶气的措施已经出现。欧洲医学之父希波克拉底有此记述，罗马人更是将此发扬光大——罗马帝国初期的科学家老普林尼（23—79年），曾经利用松散的动物膀胱过滤灰尘，可以说是净化不洁空气的一种新发明。

老普林尼（与其养子小普林尼相区别）是古罗马著名的“百科全书式”学者和科学家，出生于意大利北部的新科莫姆城（今日之科莫），曾担任日耳曼行省骑兵长官，与皇帝提图斯交谊甚笃。这位罗马著名的人物就在其留名后世的伟大著作《自然史》中，提出并倡议一种令人瞠目结舌的“类口罩物”，它并非用布料或者皮质做成，所使用的东西竟然是动物的膀胱。老普林尼发明此物是因为他亲眼看到，辛苦劳作的矿工们采矿期间会吸入有害粉尘，所以敏感的老普林尼建议工人们佩戴一种特殊的口罩，罩住他们的嘴巴和鼻孔，避免有害粉尘不断地吸入身体里面。

这种“口罩物”使用动物的膀胱制作而成，对此，老普林尼有自己的理由。他指出，作为储存尿液的器官，膀胱的密封性可谓上佳，而且膀胱的形状罩住人的口鼻恰好适宜，只要将一个膀胱分割成两半，就可以制作成两只简单易行的“口罩物”。但由于膀胱可能过于“密不透风”，因此这位伟大的科学家主张“用松散的动物膀胱”，如此才能令人呼吸舒适而非憋气难受。也许，这种用膀胱制作的类口罩物只是一种理论上的设想，并没有进行实际的制作和推广。我们也没有看到这种可能是欧洲最早的“类口罩物”的真实模样（动物膀胱毕竟难以长久保存）。但必须值得肯定的是，这位“心系矿工”的罗马伟大科学家希望矿工们把动物的膀胱捂在嘴巴和鼻子上，以过滤有害粉尘、硫化物等毒素的设想，已经是古代社会极有创意的发明了。这位敏锐而聪明的科学家，如果真的使用和推广了这种发明，那几乎可以说是西方文化史也是世界历史上第一个发明真正的防护“口罩”之人。因为“膀胱口罩”的功能是防护人体免遭有害气体侵入，这与之前的许多类口罩物有显著的区别。

老普林尼

公元79年，维苏威火山大爆发，时任海军舰队司令、55岁的老普林尼立刻乘船前往火山附近调查，并且组织救援灾民。作为对大自然颇有研究的大学者，普林尼期望借此机会，尽可能地靠近火山爆发之处，近距离观察火山活动的情况。然而，随着不断逼近火山，他吸入了过量的含硫气体，最终不幸中毒身亡。我们不禁想问，在老普林尼生命垂危之时，他可曾后悔没有早准备好自己构想的“膀胱口罩”呢？

二、古波斯人和阿拉伯人的类口罩物

从时间上来看，最早的口罩发明物应该是在亚洲。古波斯人和阿拉伯人都曾经使用过类口罩物。当然，这些物品的出现与卫生防疫没有直接关系，它们是宗教生活的衍生物。

较为原始的“类口罩”物其实是出于各种目的而用于遮住口鼻的布片。迄今人类历史上最早的“口罩”，可能是诞生于公元前6世纪的伊朗高原。在古代伊朗，属于雅利安人血统的古波斯人，一直有佩戴面纱的传统。大约是在我国春秋时期的中亚波斯人的墓葬遗址里，发现有带着“口罩”的祭司主持拜火教（一般统称为琐罗亚斯德教，在隋唐时期传入我国，也称“祆教”）仪式，墓门的浮雕说明古代波斯人的宗教信仰要求信徒们用一些纱布或者布片遮住自己的脸面。这一宗教在隋唐时期传入我国，之后的文献上称为“拜火教”，教义强调：世俗之人呼出来的气息是不洁之物，为此在实施具体的信仰仪式期间，要用特定的布料将面颊包裹起来，尤其是要遮住口鼻。我们推测，这样做真正的原因，应该是拜火仪式期间会产生浓重刺鼻的烟雾，信徒们不得不戴上“口罩”遮住口鼻。

当然，这种所谓“最初的口罩物”只是一个简单的面纱而已。它的功能有二：一是宗教意义，戴上它表明与自己的“上帝”同在，显然这是一种精神信仰和对神敬畏的“支撑物”；二是真正意义上的物质和肉体的作用，古波斯人在仪式过程中，用这种面纱阻挡（更确切地说是隔离和防护）那些世俗之人尤其是异教徒的“不洁之气”。

此外，还有一种说法认为这种被视为“历史记载最早”的“类口罩物”的出现，是因为佩戴者认为自己是世俗之人，在进行人神“交流”的神圣仪式期间，在特定的时间段内，决不能让世俗人呼出的“污浊之气”玷污了伟大的神灵，因而需要用“口罩”裹住自己的脸部尤其是口和鼻。古波斯人和拜火教徒用以遮盖面部的纱布片或许与后世阿拉伯人创立伊斯兰教，并要求女信徒佩戴的头巾和面纱有重要关联。

阿拉伯人的聪明才智在中古时代得到淋漓尽致的展现。自公元七八世纪以后，伴随着阿拉伯帝国建立及其文化的全面发展和繁荣，阿拉伯文化逐步走向世界。当时在全球主要几个文化区域（“文化圈”或“文明板块”）中，相对西欧、拜占庭、南亚和中国，阿拉伯文化对周边世界的影响力可谓最大。一方面，它本身创造出的先进的文化令世界瞩目；另一方面，它作为连接和传播东西方文化的桥梁，发挥了极大的作用，如中国的四大发明皆由阿拉伯人传播到欧洲等地。同样，欧洲及拜占庭帝国的文化也经由阿拉伯人传播到东方。

阿拉伯人对口罩的发展也有独到的贡献。譬如，记载阿拉伯世界百种发明的《天才设备录》中就有一项是公元8世纪阿拉伯人发明的“类口罩物”。这种口罩物是巴格达的巴努穆萨兄弟（BanūMūsā）发明的，他们专门为处理城市污水的清洁工人设计制作了一种保护口鼻的防护面具。当然，这款口鼻护具并非针对传染病，而是专供长期与污水打交道者佩戴，但从功能和形式上看，可以认为它已经符合现代意义上的口罩过滤污染空气的防护目的。这种“类口罩物”实际上也体现了当时阿拉伯医学绝对领先于欧洲的先进水平。

三、欧洲中世纪黑死病与“鸟嘴面罩”

人类的历史也是与病魔抗争的历史。数千年间，各个区域文明体和不同文化圈内的主要民族所经历的各种传染病，对这些文明的存续和民族的发展影响甚大。譬如中世纪欧洲的黑死病夺走了欧洲三分之一的人口，死亡人数达2 500多万；近代以来欧洲列强的殖民征服往往依靠的不是枪炮这类热兵器，而是天花、麻疹这类瘟疫病菌。权威专家戴蒙德（Jared Diamond）在其著名的《枪炮、病菌和钢铁》中指出，是传染病而非武力征服了美洲，美洲的印第安人先后遭到天花（1518—1526）、麻疹（1530—1531）、伤寒斑疹（1546）、流感（1558—1559）的传染，高达95%的印第安人死于这些瘟疫传染病，某种程度上可以说是欧洲人带来的瘟疫摧毁了美洲地区的印第安文明。此外，在地球上存在三千多年的天花，曾经是令全人类皆恐惧的危害最大的传染病毒，上亿人为之丧命。

英语的quarantine“隔离”一词源自意大利语，最初的意思是对船只和船上的人员进行为期30—40天的海上逗留观察，作为预防和遏制黑死病传染的严格措施。“黑死病”（鼠疫）导致欧洲人口锐减三分之一。危机使人类对如何征服“黑死病”进行了艰难的探索和努力，这场灾难也催生了真正意义上的隔离。譬如，为了控制黑死病的肆意传播，在克罗地亚著名港口城市杜布罗夫尼克（Dubrovnik）就建立了著名的隔离制度。此城在当时受威尼斯共和国管辖，是亚得里亚海重要的贸易港口，时名“拉古萨”（Ragusa），它在黑死病爆发后发布了“Trentina”禁令（该词是意大利语“30”，意即：来往船只在入港前必须在海上停留30天，在等候期结束后身体健康者方可登岸）。此外，拉古萨还首次颁布了检疫法：医院在专门设立的委员会监督指导下负责治疗、呈报病情。

今日的港口城市杜布罗夫尼克

1377年，不可一世的威尼斯共和国为防止病毒快速传播，要求所有船只必须在距离城市和海港相当距离的指定场所，并且是空气新鲜阳光充足的环境里停留30天才可入境；1448年威尼斯人将隔离期延长至40天。这一过程称为“Quaranta Giorni”，因为“黑死病”从感染到发病死亡的天数大约是30天，40天的隔离检疫可以确认疑似染病者是否真的染病和阻断疫情。从那时起，意大利语的“40（quaranta）”就派生出了“隔离检疫（quarantena）”，即后来英语的“quarantine”。实践证明，上述“40日隔离期”对验证、核实旅行者的健康状况是非常有效的。于是，14世纪欧洲爆发“黑死病”后，至少有两项重要措施一直沿用至今，并能有效地控制传染病传播。一是隔离，二是检疫。

“黑死病”带来的沉重灾难，也是一次历史性转折。其中具有里程碑意义的事件是“拉扎雷托”这类城市隔离中心的建立。前述拉古萨不仅带来了具有划时代意义的隔离检查制度，而且还建立了历史上首个真正意义上的“孤岛隔离中心”拉扎雷托，欧洲列强把这种“欧洲经验”带到世界各地尤其是美洲地区 。1383年，法国马赛正式设立海港检疫站，对货物和外来人员实施检疫。

“黑死病”也促使真正的具有防疫功能的口罩横空出世——“鸟嘴面罩（Plague Doctor Mask）”。它的亮相曾震惊欧洲乃至全世界。这种类似于防毒面具的鸟嘴面罩是专供医生使用的，并非病人都可以佩戴，穷人更是无法拥有。法国医生查尔斯·德·洛姆（Charles de Lorme，1584—1678）发明了医生专用的传染病防护套装。法国国王路易十三的这位御医发明传染病防护套装的目的是阻止病毒传播、降低被传染的概率。其形状和构造是：“口罩”的前端是长长的鸟嘴状构造物，用来遮住口鼻，多用帆布或皮头套制作；鸟嘴内部、下半部分是一个装有香料和草药的布袋，以阻挡污浊之气和异味，也就是阻挡尸体散发的“瘴气”；它一般装有龙涎香、

手持木杖　头戴面具“口罩”的鸟嘴医生

蜜蜂花、留兰香叶、樟脑、丁香、鸦片酊、玫瑰花瓣以及苏合香等芳香物质，鸟嘴下方开小孔以帮助呼吸；它阻隔了恶劣的臭味，阻挡了病人的飞沫，因而具有一定的防疫功能。

此款面罩的其他相关配饰包括：长长或者宽宽的皮制大礼帽，能够防止传染病人过于靠近自己；披肩是用各种布料做成的，一般是亚麻布或帆布，也有皮制的；那种飘逸宽大的长袍也是用皮料或者布料做成的，上面还打着蜡，时人以为蜡作为阻隔、密封的特殊材料，可以护身阻病；裤子也是皮制的，也打着蜡；皮手套和皮鞋自然也是必备的，甚至也打着蜡，且手脚的腕部均扎紧；手杖（实乃一个木棍）则是用来在相隔一定距离的情况下检查病人。这种几乎是密不透风的防护服类似今天专职医护人员的防毒面具外加包裹全身的皮制服装。只是中世纪欧洲人的防护服包括长及脚踝的蜡制外套，里面的衬衫也要紧紧塞进山羊皮靴的马裤里，又有厚厚的皮制手套和帽子（多以山羊皮制作）。令人生畏的鸟嘴面罩，与密不透风的外套、大褂连接得严丝合缝，似乎无懈可击。

“鸟嘴医生”为了防止病人将“黑死病”传染给自己，绝不会用自己的手或者身体其他的部位触碰对方，而是使用拐杖（多为木制）触碰病人。有时候，甚至会用拐杖击打他们——有些虔诚的医生也会认为，这些病人是违背了上帝旨意的罪人。因为那时的人们普遍相信，如果你感染了这种可怕的传染病，那么就说明你是不被上帝佑护的罪人和恶人，而“鞭打”罪人是赦免其罪的一种方式。很显然，欧洲中世纪正处在宗教、科学和医学混沌于一体的阶段，这些“鸟嘴医生”其实并无真正的现代科学医学训练，更缺乏对“黑死病”的临床诊治能力。但自此之后，将自己裹得严严实实，头戴大沿礼帽，身体裹着长袍甚至皮裤的“鸟人”，就成了恐怖和死亡的象征。

还有一种说法认为，“黑死病”肆虐时，治病救人的医生们为了控制疫情而舍生忘死，获得了民众的认可和感激。然而，中世纪掌控医学领域的是那些巫婆神汉，他们发现医生抢走了其赖以为生的饭碗，于是利用自己的势力对这些医生进行了疯狂的报复和迫害，他们跟踪和殴打医生。医生们被迫用纱布遮挡住自己的面部，避免被轻易地认出来，以保护自己的性命。

酷似死神的鸟嘴医生

毫无疑问，这种“口罩面具”就真实效果而言，防治“黑死病”的功效微乎其微。这种鸟嘴口罩物没有发挥其保护自我的作用，佩戴它们的医生也大批死亡。渐渐地，这种“类口罩物”或“鸟嘴面罩”戏剧性地与“死亡”联系在一起。鸟嘴面具出现在某处，就暗示有人会死亡。作为“欧洲大陆上不可磨灭的历史符号”，“黑死病鸟嘴面罩”永远漂浮在人类抗疫史的记忆之河中。不过，从形式上而言，它对后世创制出针对防疫的医学口罩具有启迪作用。

当人类历史进入欧洲中世纪末期，西欧的实验科学开启和发展，科学发明和实验研究在罗马梵蒂冈教廷的严厉压制和迫害下，依然取得了突飞猛进的进步。文艺复兴之花率先在意大利绽放。生活在16世纪的佛罗伦萨的达·芬奇（Leonardo da Vinci）是“文艺复兴美术三杰”之首。他还是伟大的科学家——“博物学家”，他在自然科学诸多领域取得了几乎是令人难以置信的成就，譬如在医学的防疫领域，他就提出了先进且极为实用的科学方法：人们用湿布捂住自己的嘴巴和鼻子，就足以防止有害气体或不洁气体侵入人体。这一观点，在当时基督教神学占据绝对统治地位的环境和背景之下，实属不易。在今天关于火灾逃生、防止窒息的科普知识中，这一方法仍然是非常重要的逃生守则。

进入近代以来，17世纪的意大利医学家“职业医学之父”伯纳迪诺·拉马齐尼（Bernardino Ramazzini）从现代医学理论角度强调，砷、石膏、石灰、烟草和二氧化硫等有害物质或气体经过燃烧或其他方式散发的恶臭，会对人的身体造成极大的伤害。为此要采取具有针对性的防护措施，从而为发明真正意义上的现代医用防护口罩提供了重要的理论支撑。19世纪的欧洲开启了逐步走向全球并征服全球的历史阶段，欧洲人也开始在全球建立起真正的城市隔离中心和防疫检疫体系。真正意义的口罩也距离人类越来越近了。

四、日本的忍者面罩

日本是一个岛国，文化传统深受中国文化影响，又兼具自身的东洋特色。在世界口罩发展史中，日本的“忍者面罩”也在类口罩物中独树一帜，展现了丰富多彩的文化内涵和传统特色。

日本忍者所戴的面罩是为了让人“不识庐山真面目”，体现了日本文化中的神秘之意。这与日本的文化和历史有直接的关系，岛国民族精神的特性使得“忍者”这一职业长期存在，这种特殊的职业要求其成员必须尊奉“四戒律”——除非公务，决不滥用忍术；为逃命而须舍弃自尊，不惜性命也要守口如瓶，决不泄露身份（最根本的原则）；他们所谓的“隐忍”却时刻暗藏杀机。这种受过特殊机构训练的侠客、间谍或者杀手，呈现了典型的游侠风格，与我国战国时代墨家学派的军师团体做派异曲同工，不过他们没有那种深刻的思想学说支撑，只是呈现武士精神而已。忍者们接受特殊训练——忍术的专门训诫、练习等，随后从事间谍和暗杀活动。他们穿着深蓝或者深紫色的服装，目的是不被人们发现和认出。面罩更具有“忍者特征”。这种“类似口罩”完全不具备卫生防护的作用。它的发明和发展显然与卫生防护无关，其用途与当今许多文体明星佩戴的口罩类似，戴上这种“口罩”或者“面罩”，主要是方便自己，不然让追星者认出来的话，会带来很多的不便甚至麻烦。当然，日本忍者不方便被认出来的原因，不同于当今的明星，他们想使自己处于一种独立而神秘的状态之中。

日本古代忍者所佩戴的面具，无他，就是遮住面部，掩盖其真实身份而已。后来，日本的将军们也佩戴面具、面罩——后世所言的“能面”，一说是让人做替身，因为担心自己被敌手的画师画出真实模样，公示于天下，一旦失势会遭天下人追杀。当然，也有人认为这种面罩其实也具有头盔的效用，是甲胄中的必备配件。此外还有其他可以想到的作用：面目狰狞的面罩、面具有威吓之用，兵书上有“力杀不如技杀，技杀不如气杀”之说，也就是从气势上压倒敌人。

日本的面罩或者忍者面具，体现了日本民族的文化传统特色。后来，日本传统的忍者面具被称为“能面”，这也是日本独特剧种——“能剧”经常使用的特定的面具。“能剧”和“能面”也是日本“口罩物文化”的再现。

回溯历史，口罩让我们身处喧嚣人间又仿佛遗世独立，

日本“能剧”中的男女“能面”

在我们与世界之间建起一道隔离墙，带给我们安全感和踏实感。同时，它也可能会散布一种恐惧的气氛，让人们对口罩背后所隐藏的一切感到不安甚至恐慌。口罩的历史，就是人类对抗疾病的历史与消解恐惧的历史。

第三章

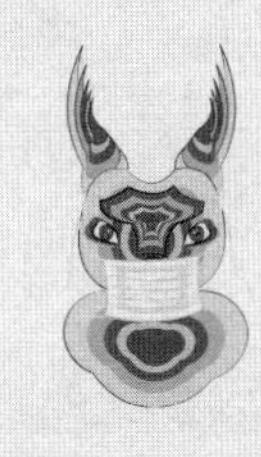

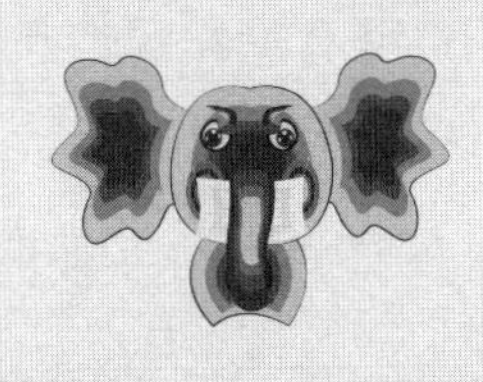

现代口罩的诞生演变

中西方“类口罩物”的发展和演变，充分展现了人类历史长河中不同文明不同民族对遮盖口鼻的伟大尝试。那么，我们现代人所熟知的口罩又是从何而来的呢？它的发明创造又有怎样的特殊背景呢？中国人是何时开始接触现代口罩的呢？总体而言，现代口罩是随着工业革命以来的社会发展和医学进步而诞生的。自17世纪以来，为了防止传染病传播，医学防护用品也越来越得到重视。正如前文所述，“鸟嘴口罩”虽然看起来有些恐怖，却正是现代口罩的雏形，因为鸟嘴里用棉花填充以过滤细菌和空气的方式，也具有一定的效用（虽然功效非常微小）。“鸟嘴口罩”制作的基本原理极大地启发了后世科学家和医学研究者。

一、首款医用口罩诞生

英国工业革命发轫后，在西欧各国迅速扩散，在工业革命浪潮的冲击之下，西欧各个工业城市的大机器工厂拔地而起，一座座烟囱也逐渐增加和增粗，人们对滚滚浓烟由最初的惊叹和欢呼最终发展为城市及附近居民每天的气喘吁吁、难以承受，区域环境污染的问题日益严峻。为了保护居民尤其是工厂工人而设计的口罩也自然而然地诞生了。

这些口罩是为了特定工厂的工人们设计制作的，主要是保护口鼻和肺部，这些具有一定过滤功能的口罩物可以阻挡烟雾，制作材料除了布料（纱布）之外，里面的支撑物多是金属。后来经过逐步改进，以白色纱布为原材料的口罩物也越来越接近现在普通口罩的颜色和模样。

进入19世纪以后，医学理论和科学研究的发展促进了口罩的发展和改进。苏格兰人在这方面似乎有特别的贡献。1827年，苏格兰科学家、植物学家罗伯特·布朗（Robert Brown，1773—1858）观察到，花粉和孢子在水中处于悬浮状态时，花粉的运动是不规则的，他还证实其他微细颗粒如灰尘具有同样情况，此即享誉后世的、以其名字定名的“布朗运动”原理，即快速移动中的气体分子发生碰撞会导致极小颗粒随机弹跳运动。1854年，在布朗运动理论的基础上，布朗的同乡、苏格兰化学家约翰·斯坦豪斯（John Stenhouse）成了第一个专门为过滤有害气体而发明近似于现代口罩之人。他制作了一个盛有木炭粉的铜制半球型口罩，其原理就是用木炭来过滤有害有毒的细微颗粒粉尘等。他为自己的发明成功地申请了专利。如图所示，从外观上看，这一口罩的样式，已经非常类似现代的口罩。当然，它的制作材料主要是金属——青铜或者钢铁。毫无疑问，这种“口罩”并未得到普及，甚至也没有批量生产过。

几乎与此同时，口罩的发明和改进在美洲取得了进展。

约翰·斯坦豪斯的铜制半球“口罩”——一种用木炭过滤有毒粉尘的口罩物

19世纪中叶美国的发明家刘易斯·哈斯莱特（Lewis P. Haslett）可以说是历史上第一个获得“防护口罩”专利的人。这种口罩物也是为产业工人量身定做的。当时，他专门为工作环境极为恶劣的矿工研制了防护口罩。该口罩使用了棉纤维、木炭等具有极强吸附能力的材料制作而成。随后又经过一系列改进和优化，其功能与今天所使用的口罩几乎完全一致，被视为“防霾口罩”的原型。此外，1877年，英国人发明“尼利烟雾面罩”并申请了专利。这种“烟雾面罩”类似近现代历史上我国那些烟民所使用的“水烟”袋。该烟雾面罩使用水饱和的海绵，将海绵同一袋水连接，连接到颈部，佩戴者可以挤压水袋，使海绵反复饱和，以过滤掉一些烟雾。

同时，临床医学对呼吸系统与工业粉尘、细菌等的研究，也大大推进了新型口罩的发明。在真正的医用口罩被使用前，当时临床医学上，外科手术期间无菌的规范操作仅限于用苯酚对各种器械加以消毒，当时的外科医生几乎“武装到牙齿”，用手术外套、手术帽和橡胶手套等将自己围裹起来。然而，他们不曾想到的是可能被传染的高危部位——口和鼻却时常暴露在外。医生在做各种外科手术时，可能会被病人携带的病菌感染，而医生也往往把自己鼻腔和口腔中的病菌传染给病人……

到了19世纪末期，欧洲著名的病理学专家、德国医生米库里兹·莱德奇（Mikulicz Radecki）发现有些病菌可以通过人们呼吸的空气相互传播，从而导致病人伤口发炎，或病症加重；当人们在面对面说话交流时，带菌的唾液也同样会导致伤口恶化。于是，他建议医生在手术时，戴上一种用纱布制作的、能掩住口鼻的罩具。莱德奇经过实验研发，终于“制作”出轻软的医用防飞沫口罩。此举果然有效，病人的伤口感染率大为降低。于是，这种用纱布制作、能掩住医生的口鼻的口罩成了医护人员的标准化装备之一。这一具有划时代意义的时间节点是1895年。

医生开始佩戴口罩始自这个人——米库里兹·莱德奇

自此以后，至少在欧洲地区，“医用口罩”渐趋推广。不过，这一口罩还是专门为医生制作的。临床医生戴上新式口罩后，自身被感染和传染他人的概率大大降低。莱德奇发明的口罩受到了广泛认可，并不断改进和完善。

1897年，更加舒心、贴面的改良款口罩诞生。莱德奇的学生、德国医生胡伯纳将松散的结构加以改进，使之更加贴合人的面部轮廓，并且在双层纱布间安装了小铁丝架，这让口罩的形态变得更方便调整。

1899年，首位手术时佩戴“外科口罩”的医生出现。法国医生保罗·伯蒂（Paul Berger）发明了一种六层纱布口罩。他将这种口罩缝制在医生手术衣的衣领之上。在不需要手术的时候，这个口罩就挂在衣领上，当医生要进行手术时，只需将衣领翻上来即可。伯蒂这种聪明的改进在于，他为口罩配置了两条可以绕过头部并系在一起的带子——如同我们今天所熟悉的白色纱布口罩加上数根带子的模样。再到后来，人们将这种六层的口罩继续加以改进，将其改造成可以自行系结的款式，就如同将一个环形的带子挂在耳朵上，这种系结的方法更为简洁便利。这时口罩已经越来越接近现代真正意义上的口罩了。因此，一般认为现代医用口罩的倡导者、发明者是德国医学家莱德奇。

不过，真正大规模使用和推广、改良口罩则是20世纪的事了。

二、西班牙大流感与口罩大流行

历史的发展和文明的演进，既有必然性又有一定的偶然性。从漫长的口罩发展史来看，其最终为民众所使用是具有历史必然性的。然而，现代口罩被世界民众全面认识和大规模使用是在20世纪的上半叶，而且依然主要发生于欧美世界，这充满了偶然性与戏剧性。20世纪初的一次偶然事件——“西班牙流感”爆发，欧美各国为预防流感病毒被迫大规模戴上这种主要防具，口罩首次自医学专用领域进入寻常百姓家，戴口罩成为席卷全球的全民行动。

这场异常致命的世纪大流感通过战争流传到欧洲的第一次世界大战（简称“一战”）战场，随后席卷全球，感染了全世界超过30%的人口。在那个抗生素还没有诞生的年代，这场大瘟疫造成5 000万至1亿人死亡（当时全球总人口约17亿）。

所谓“西班牙流感”，其实并不是发源于西班牙，而是大西洋彼岸的美国堪萨斯州。1918年3月11日中午，堪萨斯州的一座美国军营——芬斯顿军营的一名士兵在午餐前感到发烧，同时伴随着咽喉肿疼以及头疼，于是他到所在部队的医院就诊。最初，因未有其他特殊的异常情况，军医认为这名士兵只是得了普通感冒。孰料，不久之后，该军营有一百多名士兵在短期内均出现了完全一样的发烧症状。短短几日，堪萨斯军营里就有超过五百名士兵感染此病。世纪大流感由此爆发。

“西班牙大流感”之所以有此名称，主要是因为处于一战时期的协约国和同盟国两大集团所有参战方均实行了严厉的新闻管制，那些影响士气的所有“负面”新闻包括

1918年，一些护士佩戴的口罩物只是一块白布而已

西班牙流感期间拍摄的救护人员

瘟疫的爆发都不得报道。欧洲大部分国家分属对阵的双方，两大集团之外的中立国、中立方不在此列，新闻报道也有较大自主选择的空间。西班牙正是属于中立方的国家。在一战末期大流感肆虐之时，欧美主要大国包括美国、英国、法国、德国、沙俄、意大利等的媒体均未报道各自的疫情，西班牙的媒体却每天报道此事，于是全球各地民众及媒体都是从西班牙的新闻报道知晓大流感发展情况的，甚至有媒体还给这次流感病毒取了“西班牙女郎”的浪漫名号。一战结束后，欧美强国的强势媒体最终将世纪大流感定名为“西班牙大流感”。

该流感的病死率高达2.5%~5%，远远超过普通流感0.1%的病死率，因此20世纪初的这次大流感被视为“人类历史上最致命的传染病”。据统计，自1918年3月开始爆发到1919年，这场大流感造成全球约10亿人感染（只有大约7亿人未被感染），死亡人数远超一战的死亡人数。这场大流感也是世界上致死人数最高的传染病事件之一。据说，这次流感的爆发也是一战提前结束的原因之一，因为各国实在已无额外的兵源可征。

需要特别指出的是，人类历史上病毒或流行病的命名都伴随种族歧视和污名化。1495年，梅毒在欧洲第一次肆虐，由于梅毒的传播特性和临床发病特征让人反感，许多国家的民众用污名化的方式来对待这一尚未定名的疾病。世界各地的人都用他们最“嫌弃”的对象命名梅毒。例如，意大利人把梅毒叫作“法国瘟疫”“高卢病”，因为法国是当时意大利的敌对国；法国人把梅毒叫作“那不勒斯病”，而那不勒斯正是意大利的一座著名城市；波兰人称它为“法国病”；俄罗斯人称它为“波兰病”，等等。令人无比痛心的是，虽然21世纪的人类社会早有共识，新病毒的命名要避免带有国名或者地名之类的信息，但历史总是在不断重复。2020年随着新冠肺炎疫情在全球爆发，很多国家对新冠肺炎的“地域性”挂名非常热衷，一些国家尤其是美国干脆“甩锅”给中国。由于全球化趋势，人类社会早已成为休戚与共的命运共同体，任何以国名或地名命名传染性疾病的行为都是卑劣的。

1918年的“西班牙大流感”成了与欧洲黑死病同样令人生畏的严重瘟疫。人类社会不得不采取行动。为遏制疫情的迅速传播，世界各国政府采取了极为有效的措施——“非药物干预”的多种举措。这些措施包括隔离患者和潜在的感染者，强制关闭公共场所，提倡良好的个人卫生习惯等。其中，佩戴口罩是所有措施中最坚决、最易行、最有效的应对之策。关于佩戴口罩，有的地方是自上而下地强制性要求，有的地方则是非强制性地强烈呼吁和倡导宣传。这一差异反映出西班牙大流感这一大背景之下，各地对口罩能否真正控制传染的争论。美国的新闻媒体上刊登的讽刺漫画写道，佩戴口罩预防流感就像是“使用铁丝网去防苍蝇”一样。不久，法国细菌学家查尔斯·尼科尔（Charles Jean Henri Nicolle，1866—1936）于1918年10月发现了比已知病毒更小的流感病毒后，这一学术性论争宣告结束。

那时美国和加拿大因流感而致死者居高不下，政府压力越来越大，社会民众也惶惶不安。于是当媒体报道了尼科尔的研究成果之后，欧美各国政府便在疫情严重时强制公众戴口罩，美国的旧金山在那年开始成为首个强制要求市民佩戴口罩的大城市。从当时的新闻报道上，我们依旧能够看到人们在公共场所佩戴口罩的壮观景象。各行各业的从业者，如电话接线员、理发师、打字员，都必须佩戴口罩工作。甚至为了满足吸烟者的需求，还出现了吸烟者口罩。最轰动一时的照片当属“好莱坞的杀菌之吻”。照片中，一男一女两位演员戴着口罩深情接吻。据说，由于好莱坞的演员们在开拍吻戏之前，要进行接吻排练约20余次，这无异大大增加了流感传染的概率，因此，演员们选择佩戴口罩完成拍摄前的“磨合”。据说戴口罩能防止五分之四的流感菌传播。

在此之前，绝大多数人甚至医务工作者都认为佩戴口罩对于阻断传染意义不大。更为重要的是，西方国家要求民众佩戴口罩是一种容易被视为侵犯公民自由的强制行为，其推行难度可想而知。到了1918年年底，普通民众终于普遍佩戴口罩了。为了遏制近乎疯狂的流感病毒传播，各国人民皆被或强制或恳请佩戴口罩以抗击疫情，至于红十字会和其他医护人员更是如此。当时的黑白照片见证了瘟疫大流行时期全民戴口罩对抗流感的“壮观场景”。“戴口罩”的医护人员的标准形象呈现于后世所有人的面前。

MUST WEAR MASKS.

San Francisco, Oct. 24.—An ordinance compelling the wearing of gauze masks by every person in San Francisco as a means of preventing the spread of the influenza epidemic was passed by the Board of Supervisors at the request of the Board of Health. Penalties for violation are fines ranging from $5 to $100 or ten days imprisonment or both. The ordinance is immediately effective. Masks may be discarded only in homes or during meal times.

The total number of cases of Spanish influenza in California passed 50,000 to-day.

旧金山强制要求戴口罩

当时的一组宣传照："WEAR A MASK OR GO TO JAIL"

1918年西班牙流感期间，纽约大街上戴着口罩的人们

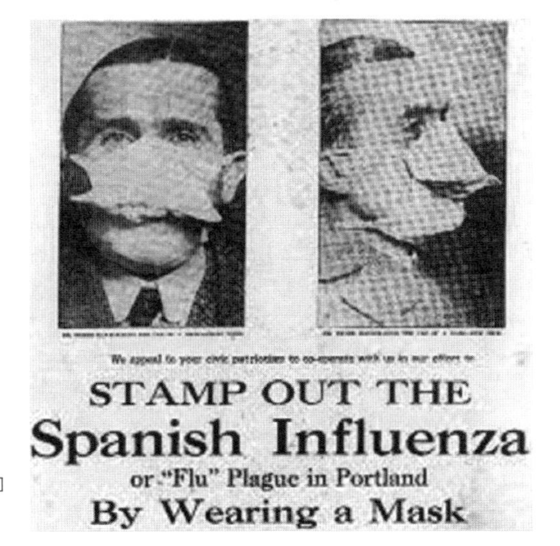

We appeal to your civic patriotism to co-operate with us in our efforts to

STAMP OUT THE
Spanish Influenza
or "Flu" Plague in Portland
By Wearing a Mask

新闻报道上的戴口罩者

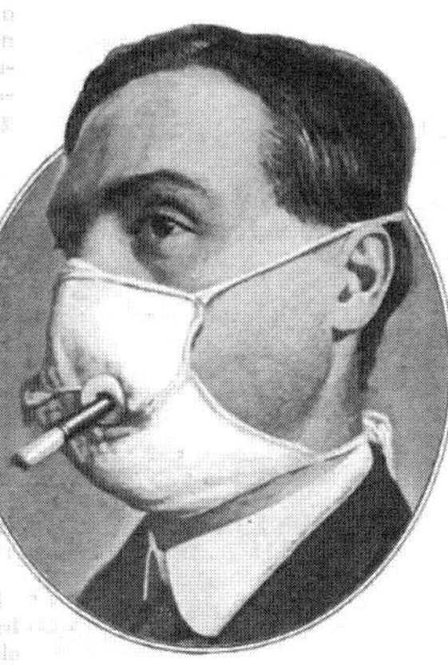

吸烟者口罩

Antiseptic Kisses in Hollywood. To fool the flu, during a recent epidemic, movie kisses were rehearsed behind antiseptic masks. Since each kiss must be rehearsed about 20 times before the cameras turn, it was said that four out of five flu germs would be prevented from spreading. Stanley Morton and Betty Furness are shown here.

好莱坞的“杀菌之吻”

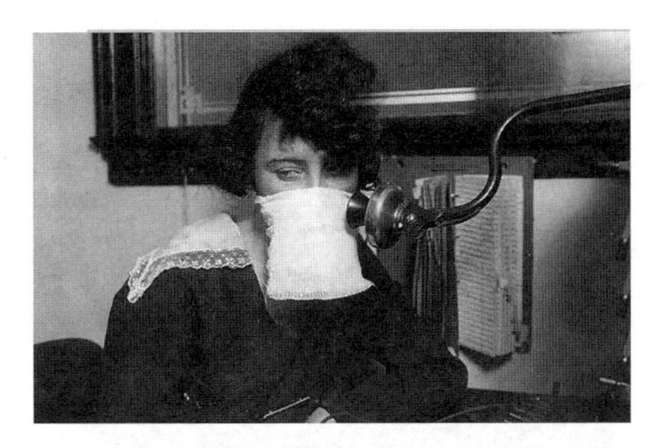

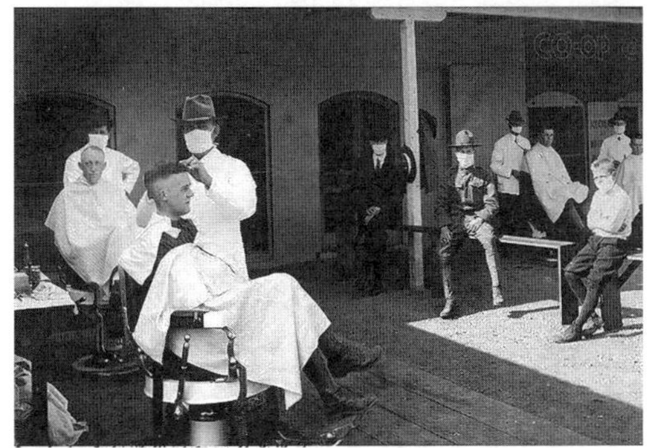

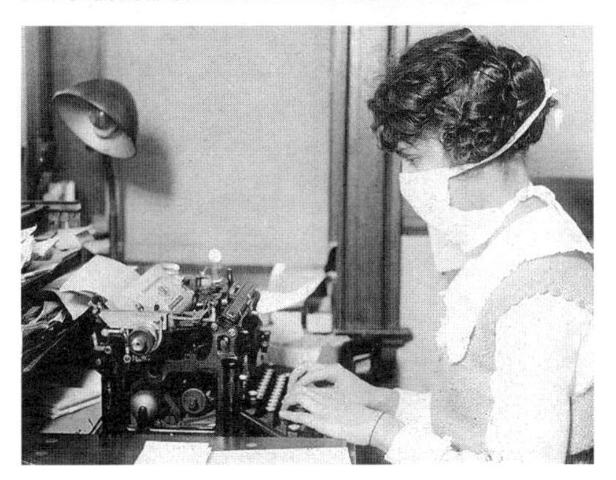

电话接线员、理发师、打字员佩戴口罩工作

1918年流感大爆发期间佩戴口罩的美国西雅图警察

日本大正时代（1912—1926）的一幅政府海报呼吁公众戴上口罩

当我们翻阅浏览那些年的老照片时会发现人们的面部几乎完全被白色口罩遮挡住。在一辆公交电车上，一位乘客因未戴口罩而被售票员拒绝上车。那时的人们皆老老实实戴上口罩，或者在自己的面部捂着一块纱布——“到处是白花花一片”，蔚为壮观。

只要在公共场合，必须佩戴口罩；不戴者被禁止乘坐公共交通

即便是在当时的中国，东北地区也有很多民众佩戴上了口罩。

然而，口罩真正从医学专用走向民间社会、走入日常生活，尚需漫长的时日。一是因为两次世界大战使得全球许多国家满目疮痍、民不聊生，政府和民众的关注点在于温饱问题；二是在西方各国所谓“民主自由”观念深入人心，强制要求人们佩戴口罩，被认为“违背民意”“限制自由”。疫情一旦稍有好转，人们便迅速摘掉口罩。

不过，二战结束以后，由于欧洲各国的重建及工业化和城市化的快速进展，工业污染和大气雾霾严重加剧，部分特大城市的市民不得不戴上他们曾经严正拒绝的口罩，毕竟，谁也不愿意拿自己的生命开玩笑。英国伦敦出现了严重的雾霾天气，美国洛杉矶遭遇了光污染事件，日本的许多城市长期受到空气污染困扰，等等（本书后续章节有专门介绍），这些都改变了人们对口罩的态度。人们佩戴口罩已经不仅是为了卫生防疫，而是当作最基本的自我保护措施。口罩的功能与款式也逐渐朝更加专业化和多样化的方向发展，一个千姿百态的口罩世界的大门被正式打开。

三、千姿百态的口罩款式

随着人们的认知、理念和生活品质的变化，口罩的材料和质地也发生了天翻地覆的变化。

在20世纪前期，口罩的卫生效用得到普遍认可，但当时它们依然主要是医学领域人士专用。20世纪中后期，口罩的用途逐渐转为阻挡有害的工业粉尘和被污染的空气。近代大机器工业的全面确立和发展，使得近现代城市、社会的发展日新月异。工业文明的全速发展也带来了污染的加剧和城市人口密度的急速提升。其中，工业污染源就是大量的出现和积累的工业粉尘，令居民们尤其是产业工人苦不堪言。随后，在抗击雾霾等严重大气污染期间，人们对口罩的材料有针对性地进行了改进。欧美国家在20世纪六七十年代对口罩的材质进行改革，最大的变化是无纺布和纤维滤棉被广为使用。1967年，美国3M公司掌握了无纺布和静电纤维滤棉的专有技术，在新材料的发明和使用方面达到了世界领先水平。今天专业人士所知的“NIOSH（美国国家职业安全卫生研究所）口罩标准”也是由此而来。美国的NIOSH批准和认证计划，自1994年开始影响全球的口罩生产与销售。我们熟知的N95型口罩就是“NIOSH”认证的防颗粒物口罩之一。

今天，日常医用防护类口罩大多采用无纺布材料制作而成。这种无纺布材料的过滤核心在于熔喷层，外科口罩越高级，熔喷布层数越多，同时纺粘层是由非织造布构成的，强度好，耐高温，稳定性和透气性较高。但这类口罩不可水洗或高温消毒，否则会导致静电吸附功能下降失去防护性。目前，无纺布材料口罩的主要代表类型有：N99口罩、N95口罩、KF94口罩、医用外科口罩和普通医用口罩。这五类口罩按照防护等级依次减弱，都是一次性使用，不能反复使用。

除了无纺布材料制作而成的口罩之外，目前市场上仍流行着运用活性炭材料为过滤层制作而成的口罩。这种材料制作的口罩，一方面，依赖活性炭本身的吸附功能，以吸附一些颗粒物，另一方面，利用活性炭对一些浓度较低的气体的降解功能，增强佩戴此种口罩的舒适性。活性炭口罩在防毒、除臭、滤菌、阻尘等方面有一定优势，特别是适合防护在处理煤、铁矿石及含石英矿物过程中或加工棉花、面粉等其他物料过程中由机械力产生的粉尘、飘尘和雾气等。无论是用无纺布材料，抑或是用活性炭材料制作而成的口罩，主要功能都是阻隔病毒、污染物对人体的伤害。

口罩的类型远不止这些。目前，在市面上较多饰品店中，人们还能购买到带有防寒保暖、防紫外线等功能的口罩。这种口罩一般用棉布材料制作而成。虽然这类口罩不能防尘防菌，但是款式新颖多样，能够反复清洗使用。同样成为人们在日常生活中使用率较高的一类口罩。

口罩的设计也日益丰富，不断发展，越来越多的人将一些新型复合型材料用于口罩的设计之中，使口罩的使用范围更大，功能更精细化。在防护花粉、病毒、紫外线等用途上人们都设计出了类型各异、材料复合的新型口罩，如防花粉的PITTA MASK口罩、预防95%以上紫外线的BENEUNDER防晒口罩等。

口罩的颜色与类型之间有这样一个规律。传统的医用为主的口罩，依然是坚持传统材质（无纺布）、传统颜色（白色、绿色）、传统功能（防病毒和细菌）；创新型口罩则在材质、颜色和功能上进行了不拘一格的大胆创新。口罩在时尚界也愈来愈占据重要地位。一些设计师对口罩进行了更加高端和智能化的设计，使其更具创意性和科技感。如一款曾经获得2018年红点概念设计奖的Snack Mask趣味口罩，其包装一体化的形式方便任何年龄群体使用，而且方便携带；丹麦设计的一款儿童口罩Woobi Play，采用一大一小两个口，设置吸气和出气阀门，独特的螺旋折叠滤芯设置可以过滤95%的污染物。可以看出，这些创意口罩设计的功能主要是防止污染物，是对传统无纺布、棉布材质口罩的有力突破，可实现佩戴口罩时的空气循环，同时解决雾气的烦恼，过滤器的设置更是有卫生清洁过滤的作用。相信未来会有更多关于口罩的高科技设计，让我们拭目以待。

总之，从动物膀胱到N95，口罩在全世界的发展史，折射出人类呼吸防护的进化史，更是人类文明演进史的重要构成部分。纵览口罩的诞生和普及，我们至少有两点感悟：一是口罩具有立竿见影的防护功能，能够有效地保护自己免于“不洁之气”袭扰，也同样保护着他人的身体健康；二是口罩已经不仅仅是一种医用护具，更承载着宗教、文化、社会、心理等诸多的价值内涵，小小口罩里藏着大千世界。

「第四章」

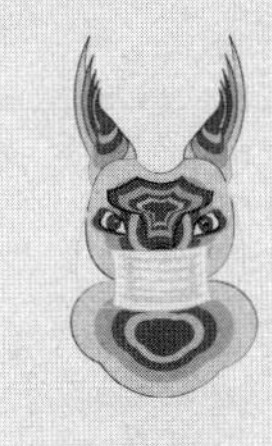
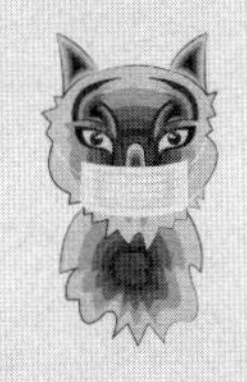

口罩与雾霾

今天，“雾霾”早已不是一个新鲜词语。“雾霾”的英语表达为smog，由smoke（烟）和fog（雾）两个单词拼合而成。雾霾是人类进入工业时代的副产品。在农耕时代，小农经济以家庭为单位，面朝黄土背朝天地辛苦劳作只为温饱。随着18世纪工业革命的爆发，机械化大生产赋予了人类超越先辈的强大生产力以及改造自然的能力。人类社会经历了史无前例的巨大变化。如经济收入增加、预期寿命增加、受教育程度提高、城市化发展、生产与生活聚集度提升等。在这些光鲜亮丽的社会进步背后，空气污染和环境破坏也成为无法抹去的现实问题。

雾霾是对人类危害极大的一种空气污染状态，这一术语实际上是对大气中各种悬浮颗粒物含量超标的一种笼统表述。雾霾中含有数百种颗粒物，其中PM2.5（直径小于或等于2.5微米的颗粒物）可以通过呼吸道进入人体肺部，乃至进入血管随血液循环系统流至全身。长此以往，容易引起呼吸系统疾病、心血管疾病、血液系统疾病等疾病。根据世界卫生组织（WHO）发布的《2020世界卫生统计报告》，在死于非传染性疾病（NCDs）的人中，慢性呼吸系统疾病（CRD）是排名前四的疾病之一。

伦敦、洛杉矶、东京等城市在工业化和城市化快速推进中，先后遭遇过不同类型的雾霾袭扰。工厂高耸的烟囱中飘出滚滚浓烟，大大小小汽车的排气筒排出呛人的气体，天空变得灰黄而不再蔚蓝，植物不再翠绿，大街小巷咳嗽的人随处可见。这些城市里的民众不约而同地选择了佩戴口罩，以应对雾霾天气对身体健康的危害。这既是人们自我保护的客观需要，也是治理雾霾的漫长岁月里的无奈之举。口罩，借此机会从专业医务领域走进了寻常人家，见证着人类对雾霾天气从不知所措到柳暗花明，从被动应对到主动治理，从黑烟蔽日到碧水蓝天。

一、英国伦敦雾霾之战

伦敦的雾霾是文学作品中经常读到的主题。文学家们总是爱用环境的沉闷来表现社会环境的死寂，借以烘托主人翁如雾霾一般虚无缥缈、绝望的人生际遇。中国著名作家老舍早年曾在伦敦生活。他笔下的伦敦的雾是“乌黑的、浑黄的、绛紫的，以致辛辣的、呛人的”。英国作家查尔斯·狄更斯在他的《雾都孤儿》中曾经这样描述当年的伦敦：“泰晤士河面上笼罩着一层雾气，……乌黑的河水连它们那粗大丑陋的样子也照不出来……泰晤士河两岸的建筑物都非常龌龊，河上的船只也是黑黢黢的……”。此外，在狄更斯的《荒凉山庄》开篇，还这样描述伦敦的雾霾“烟从烟囱管帽降下，形成浅黑色的毛毛雨，中间带着煤灰烟尘，像成形的雪花那么大……它让人感觉太阳已经死去”。此外，还有一段对伦敦烟雾的描写，“漫天大雾，顺着河流飘飘荡荡，穿过草坪，滚过桥墩，充满了河边那个伟大而又肮脏的城市”。这些关于伦敦烟雾的描写如此经典，以至于许多人提到伦敦的雾就会想到它们。

伦敦的雾并不总是带给人压抑和绝望，法国印象学派画家莫奈对伦敦的雾情有独钟。他曾经先后四次前往伦敦，就是为了画伦敦的雾。在他的笔下，大雾成为表现伦敦之美的最好介质。莫奈的视角与众不同，个人风格鲜明。他画中伦敦的雾不再是病态的、令人窒息的讨厌存在。赭红色的、淡紫色的、鸭蛋青色的雾的光影与伦敦景色水乳交融，人们可以从他的画中轻易分辨出伦敦是处在哪一个时刻。时至今日，那些油画布上笼罩伦敦的色彩仍散发着令人沉迷其中的魔幻意味。

莫奈笔下的雾中伦敦

莫奈笔下的查令十字桥

伴随着第一次工业革命和第二次工业革命在英国顺利完成，人类不再依赖原始的人力和畜力进行生产。现代意义上的工厂依靠煤炭燃烧产生的动力，实现了夜以继日的不间断生产。蒸汽机和内燃机驱动着英国的车轮把英国产品销往世界，并从世界各地源源不断带来财富。大英帝国的普通民众也得益于生产力的发展，不仅获得了诸多新的就业机会，而且家中也能负担燃烧煤炭取暖的新生活。由于当时的资本主义世界奉行自由主义的原则，政府对企业厂房和民众家中大量使用劣质煤炭的行为放任自流，并未意识到全民烧煤可能带来的空气污染问题。相反，一根根高耸入云的烟囱，一股股飘出来的黑烟，恰被视为西方工业文明的重要标志。当英国的资本家们沉浸在黄金美梦中，当英国民众们陶醉在日不落帝国的荣耀中时，殊不知，一个可怕的黑色“幽灵”正慢慢笼罩在伦敦上空。

19世纪60年代伦敦街头

从19世纪开始，伦敦逐渐有了“雾都”的称号。伦敦气候湿润，降雨颇多，泰晤士河流经其中更是带来了丰厚的水汽，这种气候环境不利于大量的煤炭燃烧释放的废气及时挥发。特别是冬天，伦敦时常出现大雾弥漫的天气，使得伦敦雾气又厚重了几分。伦敦的雾浓稠厚重，呈黄色或黑色，散发着令人难以忍受的气味，它甚至得到一个“豌豆汤”的诨名。纵观19世纪的伦敦，雾霾污染的天气屡见不鲜。最早的记录甚至可以追溯到1813年，在1873年、1880年、1882年、1891年、1892年也都发生过大气污染事件。然而，随处可见的烟囱依然冒着黑烟，各种工业用煤、取暖用煤仍在无休止地燃烧。对于伦敦冬天的雾霾天，政府官员见怪不怪，社会民众习以为常。直到1952年伦敦爆发了一场严重的烟雾事件，才真正改变了这一切。

1952年12月5日，一场让无数伦敦人丧命的灾难悄然而至。这一天，伦敦气象台的风速测试表显示当前的风速几乎为0，整个城市一丝风都不见。对于雾都而言，这样的天气其实是最糟糕的。工厂和居民都还在一如既往地大量燃烧煤炭，煤气、煤烟、灰尘冲入天空，又混进充满水汽的空气中，在无风状态下的城市上空大量聚集。整个伦敦被黄厚的大雾包裹，能见度极低——烟雾浓厚的地方能见度还不足一米。人们即使站在泰晤士河桥上，也不一定能够看到河流，低下头甚至无法看到自己的脚。无处不在的烟雾严重影响了人们的日常生活。

首先，伦敦的公共交通几乎陷入瘫痪。烟雾覆盖了以伦敦为中心的直径将近48千米的范围，人们的出行受到了直接影响。航空公司无奈取消了所有航班，而且无法预计何时可以恢复；火车只能开启照明大灯缓缓移动；公路上的汽车不得不打开雾灯缓慢前行。警察们纷纷上街维持秩序，他们手持火把为街道照明。上学的孩子们用围巾和手帕紧紧包住头，在熟悉的上学路上沿墙壁摸索前行。唯一例外的是地铁，它依旧可以在地下肆无忌惮地飞驰。

其次，社会活动纷纷取消。所有剧场歌厅纷纷成了“鬼屋”，只闻其声不见其人。当时，英国伦敦著名的莎德勒威尔斯剧场正在上演歌剧《茶花女》，弥散的雾气导致坐在前几排的观众都看不见舞台，演出不得不取消。众多体育比赛也被迫叫停了，因为选手根本看不到对手在何方。例如，一场原定在温布利球场举行的大学联合足球赛也被迫延期。街上路灯若隐若现，就好像随时会熄灭的烛火，人们尽可能地选择留在家中，避免不必要的外出活动。

最后，无数人出现身体不适。这些烟雾其实就是伦敦城内成千上万个烟囱排出的黑烟。烟雾弥漫，无孔不入，直接钻进了人们居住的房子，刺鼻的气味、呛人的烟雾、燥热的喉咙、作呕的感觉，让所有人无处可躲。许多体弱多病的老人出现了严重的呼吸困难症状，青年人也喘着粗气非常不舒服。然后，人们的注意力开始从雾霾对衣食住行的影响，转移到死亡人数攀升的新闻上。据官方数据显示，在短短5天内就有4 300人失去生命。在接下来的两个月中，这起事件总共造成12 000人死亡。此外，值得一提的是在史密斯菲尔德市场的牲畜也受到影响，许多牛大口喘着气，瘫倒在地，奄奄一息。为了减少它们的痛苦，人们不得不提前杀掉了十几头牛。

这就是震惊英国骇人听闻的1952年伦敦烟雾事件。直到这个时候，伦敦政府和民众才发现，他们熟悉的雾霾不仅会造成交通瘫痪和生活不便，还威胁着他们自己和亲友的健康与生命。雾都的朦胧之美其实是一种虚幻，而空气污染带来的死神威胁却是真实无疑的。

伦敦雾霾中的点灯人

交通警察在雾霾中指挥伦敦交通

售票员为公共汽车引路

工厂、电厂、家庭取暖使用大量劣质的、未经脱硫处理的煤炭，燃烧后产生大量颗粒物和二氧化硫等有害化学气体。这些颗粒其实就是我们今天熟悉的PM10或是PM2.5的颗粒，人体的防御机制无法将它们阻挡，颗粒将直达肺部乃至血液。在有风的情况下，这些气体迅速发散，有些刺鼻但不会对人造成致命影响。然而，在1952年伦敦烟雾事件中，无风状态持续了数日，而人们生活起居仍要烧煤，工厂运作要烧煤，汽车出行还要排气，空气中的毒素持续积累。烟尘、颗粒、二氧化硫积聚在伦敦空气之中，人们吸入的烟尘浓度比平时高了10倍，二氧化硫浓度比平时高了6倍多。如果按目前世界卫生组织的空气质量标准核算，当时的二氧化硫浓度已经超标了190倍。这些有害颗粒短时间内积聚在人的气管或是肺中，必然引发人体的剧烈反应。

果然，伦敦各医院迅速收治了大量支气管炎、肺炎、哮喘、心脏病等疾病患者，病患人数远远超出了医院的承载能力，很多人没能得到及时有效的救治，甚至由于医院的吗啡和镇静剂等止痛药品不够用，一些人在极大痛苦之中挣扎着离开人世，还有一些人死后才被人在街头发现尸体。伦敦的殡仪馆和葬仪师也一下子忙碌起来了。据一位名叫艾佛·勒维特的葬仪师回忆说："我哥哥当时接到订单说某条街道有人去世，让我们去操办，但不一会儿我也接到通知说在同一个下午，同一个街道的另一户人家也有人去世，让我们去。这种情况在那几天频繁出现，我们才意识到这个大雾比想象中的要可怕很多。”这一犹如人间炼狱的情况持续到了12月9日，一股强劲的西风吹来，彻底吹散了笼罩在伦敦人头顶的烟雾。这场史无前例冷酷无情的烟雾夺走了许多人的生命，也坚定了伦敦人治理雾霾的决心。

伦敦烟雾与我们今天的雾霾实是同源。面对来势汹汹的雾霾，伦敦当时的人们走到哪里都戴着口罩。人们戴着口罩逛街、上学、工作，甚至连狗都戴上了口罩。口罩成为出门必备品，街道上的警察也戴起口罩指挥交通。伦敦街头，戴着口罩、步履匆匆的人们成了当地的“特色”。当地的一些报纸曾说“我们正处在地狱之中，不知道这种情况要持续多久，每个人都陷入恐慌之中”。伦敦的男学生克

伦敦大雾期间戴口罩的夫妇

里斯·普赖尔回忆起他在哈灵基上学的情形："妈妈给了我一个防烟雾面罩，它有很多层棉毛布，你把它套在耳朵上，戴着去上学。当你走到学校，老师们就会赶紧把你领进来，迅速关上门；你拿下面罩，会看到里面变成了棕色，就像大酱一般。回家的时候，你又要换一个新面罩。"这场雾霾过后，政府为了鼓励市民佩戴口罩，规定只要经过医生的批准，人们就可以获得免费的口罩。在伦敦化工厂工作的工人们戴上口罩也成了强制措施。伦敦整个城市的每个角落，都可以看到佩戴口罩的人们。

佩戴口罩亲吻的情侣

一位戴口罩的女士和她戴口罩的宠物狗

1952年伦敦雾霾事件过后，英国政府成立了由比佛爵士领导的比佛委员会。该委员会奉命调查伦敦烟雾事件的成因，最后提交了《比佛报告》。这次事件的罪魁祸首就是居民和工厂大量燃烧煤炭所导致的空气污染。尤其令人惊讶的是，工厂的排放量才不过是居民用煤排放量的一半。由此，伦敦1954年出台了《伦敦城法案》以控制煤炭燃烧烟雾的排放。在此基础上，1956年世界上第一部现代意义上的《清洁空气法》在英国颁布。法案要求居民改变生活习惯，用天然气、油、无烟煤或电力来替代传统的煤炭作为燃料，而且积极推进壁炉改造更换。在伦敦的“控烟地区”，居民只能燃烧几种无烟的燃料，并且政府用补贴来鼓励人们使用清洁能源。1960年之后，《清洁空气法》进行了修订和扩充，涉及面更广，限制力更强。在随后的政府规划中，伦敦将发电厂和重工业工厂强制搬到郊区，并且控制汽车进入市区，要求进入市区的汽车必须交5英镑的交通拥堵费。政府将收来的钱补贴公共交通，同时鼓励公众绿色出行。这些举措对空气质量有明显的改善作用。1968年以后，英国又出台了一系列的空气污染防控法案，并提高了污染物排放标准。经过二十多年的持续治理，到1980年伦敦的二氧化硫指数和黑烟浓度均下降了80%，煤炭消耗占比也从90%下降到30%。大气污染物的排放得到有效遏制，天然气、石油等代替性能源使用愈加普及，城市的空气质量有了质的飞跃。

二、美国洛杉矶雾霾之战

美国的加利福尼亚州一直以阳光出名，每年吸引无数游客前往旅游观光。位于该州西南部的全美第二大城市洛杉矶是一座历史底蕴深厚、经济科技发达、人文艺术荟萃的地方，常被人称为“天使之城”。然而，人们或许很难想象，这座美丽的城市在70多年前也饱受雾霾问题的困扰，甚至酿成了严重的空气污染事件。

1943年7月26日，注定是洛杉矶人难以忘记的一天。这一天，洛杉矶发生了历史上第一起有记录的光化学烟雾事件，从此开始了与雾霾长达数十年的斗争。那一天，淡蓝色的浓雾吞噬了整座城市，太阳变得模糊不清，人们四散奔走却怎么也逃不开这团刺鼻的气体。幼小的孩子、年轻的孕妇、指挥交通的警察、街边的小贩，穷人或富人、青年人或老者，他们的眼睛刺痛红肿，止不住地咳嗽，难以呼吸。很多开车的居民把汽车停在路旁，擦拭不断流泪的眼睛。当地的《洛杉矶时报》报道说："浓烈的烟气沉降在市区，能见度只有三个街区。不断有工人和市民抱怨眼睛刺痛、咽喉损伤。"

时值第二次世界大战，距日本人偷袭珍珠港不久，洛杉矶市民们一度误以为弥漫着刺鼻气味的浓雾是日本人再度偷袭导致的。面对这种前所未见的怪异天气，一些当地民众认为这一定是日本人的化学武器，洛杉矶正在受到攻击，整个社会产生了极大的恐慌情绪。政府很快出来辟谣，这不是日本人的毒气，而是大气中生成了某种不明的有毒物质。对于洛杉矶人而言，很多居民都以为这只是偶然的、短暂的空气不良，却不知他们面对的将是一场长达半个世纪的雾霾之战。

自首次雾霾来袭之后，洛杉矶出现雾霾的天数逐渐增多，而且情况越来越严重。洛杉矶市长弗莱彻·鲍伦（Fetcher Bowron）对治理雾霾志在必得，信誓旦旦，向公众宣称四个月内一定永久消除雾霾。起初，洛杉矶市一些工厂排放的气体被视为问题所在，政府很快关闭了市内一家排放丁二烯物质的化工厂，但雾霾现象并没有缓解的迹象；

接着，政府又认定全市30万个焚烧炉才是雾霾的罪魁祸首，因而居民们被禁止在后院使用焚烧炉燃烧各种生活垃圾。然而，令人始料未及的是，雾霾天非但没有减少，反而越来越频繁了。随着雾霾日益严重，学校无奈停课，工厂被迫停工，许多人染上了呼吸系统疾病，涌向医院寻求治疗。鲍伦市长显然低估了问题的严重性，市民们怨声载道，甚至出现焦虑和恐慌，但政府依旧对雾霾天气束手无策。

自1943年起，每年从夏季到秋季，只要是晴空明朗的天气，洛杉矶城市上空就会被一种淡蓝色烟雾所笼罩。进入五六十年代，有的年份甚至要出现200多天的蓝雾缭绕。这种烟雾四处弥漫，无所不在。《洛杉矶时报》对于这种大雾临城的现象有过经典描述："这是一座典型的'烟雾城'，阳光再也不直射人的皮肤，你在正午时分走在洛杉矶街头，抬头甚至无法找到太阳，看见的只有终日不会散去的烟雾，没有人愿意上街，即使走上街的人也都戴着口罩和眼罩……"。

面对雾霾，喜好阳光的洛杉矶人只能躲在家里，闭门不出。口罩和防毒面具成为当时洛杉矶人出门的特色装扮，人们甚至会全副武装地去参加社交活动。他们用幽默和讽刺来表达自己的不满。当时有一位好莱坞演员想出了一个"雾霾罐头"的主意——把装满烟雾的罐头当作商品来出售。这些漂亮罐头上贴着标签："这可是好莱坞大明星们呼吸的正宗雾霾，里面有如假包换的碳氢化合物、氮氧化物、硫化物。如果你想要保持这瓶雾霾的新鲜度和纯净度，那你一定要把罐子封好。”为了吐槽洛杉矶的雾霾，有人专门设计了一段广告词：“这个罐头里装着好莱坞影星们使用的有毒空气。你有敌人吗？有的话省下买刀的钱，把这个罐头送给他吧——众多好莱坞影星力荐。”

空气污染的问题真真切切影响到洛杉矶人的日常生活。在洛杉矶街头，最常见到的场景就是穿戴时尚的妙龄女郎从手袋里拿出手帕擦拭眼泪；还有人在街头兜售号称装有新鲜干净空气的气球。少年儿童在雾霾严重的时候只能待在家中而无法上学；运动员也只能放弃室外训练转为室内运动；农民们播种的柑橘和甜菜良品率大大下降，甚至洛杉矶市外100千米、海拔2 000米高山上的松林也大片枯萎……更令人恐慌的是，越来越多的人因为受到烟雾影响而患上重病或被夺走了生命。1952年12月，洛杉矶再次遭受雾霾天气袭击，全市65岁以上的老人死亡400多人。1955年9月，高温炎热和雾霾污染同时出现，许多人出现眼睛痛、头痛、呼吸困难等症状。短短两天之内，65岁以上的老人又死亡400余人。这两次事件成为世界环境保护史上有名的公害事件，也成为洛杉矶雾霾之战的转折点。

洛杉矶雾霾的幕后真凶究竟是谁？这是有效治理雾霾的关键所在。1943年首次出现烟雾事件以后，人们首先将工厂排放的废气作为首要的调查对象。但是在政府采取了关闭化工厂、焚烧炉等措施后，雾霾并没有减少，出现的天数反而增加了。这说明洛杉矶的雾霾形成机制与伦敦根本不同。《洛杉矶时报》也就此开展了独立调查。他们得出结论认为，洛杉矶的空气污染只有很少一部分来自工厂的废气以及焚烧炉，大部分成分其实是来自汽车尾气中没有燃烧完全的汽油。加州理工学院（以物理、化学等基础学科为优势学科而闻名）的阿里·哈根斯米特也对雾霾的产生进行了研究，并得出了相同的结论，洛杉矶雾霾的罪魁祸首是汽车尾气。

然而，这一结论很快受到了反驳。美国最大的汽车制造商福特公司的工程师宣称，汽车尾气会立刻消散在大气中，不可能制造雾霾。事实真的是这样吗？美国号称是“车轮上的国家”。20世纪初，美国汽车工业进入商品化阶段后，发展极为迅猛，短时间内就远远超过了其他国家。例如，1913年美国汽车的年产量已经逼近49万辆，是当时位居世界第二位的英国汽车产量的15倍，几乎占了世界总产量的50%。二战期间，由于太平洋战争的爆发，加州的战略地位变得极为重要。洛杉矶及周边地区涌入大量的工厂和人口，社会经济空前繁荣，让这座城市成为全美汽车数量最多的地区。洛杉矶在1940年代就拥有250万辆汽车，每天大约消耗1 100吨汽油，每天有1 000多吨碳氢化合物进入大气。汽车尾气中残存的烯烃类碳氢化合物和二氧化氮被排放到大气中，在强烈紫外线的照射下与空气中其他成分发生化学反应，从而形成含剧毒的光化学烟雾。这种烟雾中含有臭氧、氧化氮、乙醛和其他氧化剂，滞留市区久久不散。

显然，洛杉矶雾霾与伦敦雾霾的形成原因不同，在洛杉矶经济发展和社会生活依赖的能源中，煤炭的消耗确实是只占其中的很小一部分。伦敦雾霾发生在冬季，洛杉矶雾霾发生在炎热干燥的夏季。洛杉矶是典型的温带海洋性气候，夏季炎热干燥。夏季居高不下的气温、干燥的空气、炽热的阳光无疑成了化合物发酵最好的温床。从地理位置上看，洛杉矶位于美国的西海岸，三面被圣安东尼奥山所包围，西面朝向太平洋东侧的圣佩德罗湾和圣莫尼卡湾，整个城市位于盆地之中，气流因群山的环伺而呈现下沉的状态，光化学烟雾产生后在盆地中难以散去，最终酿成灾祸。

对许多洛杉矶人来说，造成雾霾的元凶是难以接受的。他们第一次意识到，威胁他们及亲友健康的雾霾原来是出自自己心爱的汽车。每辆行驶在路上的汽车都是一个污染源。或许是考虑汽车产业在地方经济中举足轻重的地位，或许是因为汽车在美国人生活中是无法替代的，当地政府并没有立即采取强力行动，只是建议居民尽可能地少用汽车出行以减少尾气排放。

政府和立法机构的不作为，导致了社会矛盾日益激化。在推动政府实施法案的进程中，有一群妈妈为了抗击雾霾坚持不懈。她们模仿国际求救信号SOS，使用“驱逐雾霾”（Stamp Out Smog）作为组织的简称。妈妈们进行调研、写报告、向政府游说、向议员请愿、给车企施压、对普通人宣讲等，并倡导出台新排放标准和燃油成分标准等。同时，她们提倡人们改变生活方式，示范第一次有组织的拼车和乘坐公共交通工具。在美国“地球日”这天，这些组织举行了声势浩大的集体行动，成为雾霾抗议运动中的中流砥柱。

经过社会各界长达27年的努力，洛杉矶雾霾之战取得了重大成果。美国在1970年通过《清洁空气法案》，第一次将大气污染物分为基准空气污染物和有害空气污染物，大大推动了环境保护事业的发展。对于洛杉矶而言，1970年正式投入使用的催化转换器可以说是解决洛杉矶雾霾的关键一招。这种转化装置可以通过化学催化剂将尾气的混合物分解为水和二氧化碳，这样就减少了有毒的汽车尾气。此外，从1975年开始，美国国家公路交通安全管理局与环保署制定了名为“企业平均燃油效率”（Corporate Average Fuel Economy，CAFE）的燃油标准，促进家用小汽车的燃油效率从当年每加仑汽油行驶18英里（英里，1英里=1.6093千米）上升到2018年每加仑汽油行驶40.5英里。1997年，美国环保局首次增加了PM2.5指标，要求各州年均值不超过15微克/米，加州采取了比联邦政府更加严格的标准，其PM2.5年均值标准设为12微克/米。如果企业违法排放，将会支付高额罚金，并且不设上限。政府除罚款外，同时没收违法所得的经济利益。造成环境损害的企业会面临民事诉讼和公益诉讼追究赔偿，最严厉的处罚是吊销企业营业执照。

在这些立法行动与科技发明的支撑下，美国的汽车燃油效率向着更加安全、经济、环保的方向发展。洛杉矶民众经过半个多世纪的努力与抗争，终于制服了困扰他们多年的蓝色烟雾，迎回了蓝天白云的天使之城。《洛杉矶雾霾启示录》的作者奇普·雅各布斯说：“如果你回过头去看，你会发现真正推动这项事业的是那些普通民众，想象一下如果没有《洛杉矶时报》，没有哈根斯米特，没有‘地球日’上的示威群众，我们今天肯定还会生活在雾霾当中。”洛杉矶，这个充满艺术气息的城市，直到今日仍有很多街头涂鸦作品以雾霾为主题，许多街头艺术家从“雾霾”中获取创作灵感。但是那段戴口罩和防毒面具的岁月对很多人而言，已经变得模糊和遥远了。

雾霾下的洛杉矶街头

一位女士在雾霾中准备呼吸罐装的新鲜空气

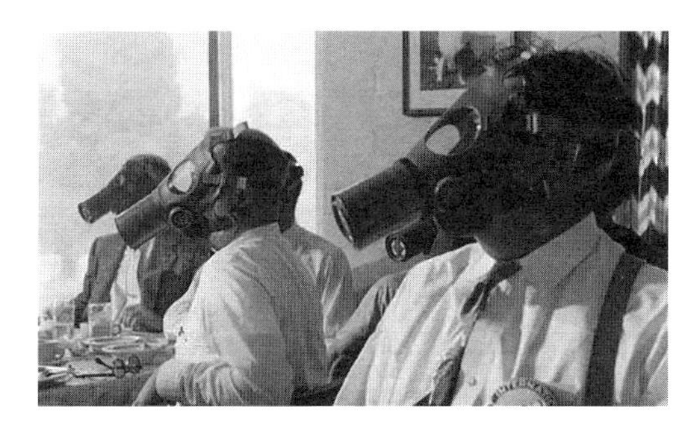

戴着防毒面具开会

面戴防毒面具的女士

三、日本治理雾霾记

许多到访过日本东京的人，无论是常住还是旅游，几乎都对日本的蓝天白云和自然界的绿色留下了深刻印象。其实，东京也曾遭遇过浓烟滚滚、不见蓝天的严重空气污染，给日本社会和日本人带来了深远影响。

二战结束后，日本作为战败国面临着满目疮痍的经济社会重建任务。日本政府选择了优先发展重化工业的经济发展战略，依托煤炭、石油为主要能源，构建起了京滨工业带、中京工业带、阪神工业带、北九州工业带四大工业带。各种化工企业、石化工厂如雨后春笋般拔地而起，高耸入云的烟囱成为横滨、川崎、大阪和神户等工业城市的鲜明标志。大气污染问题越来越严重，滚滚黑烟，遮天蔽日。东京有时连白昼也难见太阳，城市能见度只有30~50米，部分地区的民众平常都可以明显地闻到硫化物的刺鼻味道。空气污染的问题持续恶化，最终引发了以“四日市公害”为代表的严重空气污染公共事件，彻底影响了日本社会对雾霾的认识与态度。

日本三重县的四日市位于日本的东部海岸，临近海洋的地理位置为该市从海外进口石油、发展炼油产业提供了便利条件。在20世纪60年代，四日市各种规模的石化企业超过100家，矗立着大大小小的石油工厂。由于该市的石油冶炼和工业燃油企业较多，产生了大量污染性废气和废弃物，黄褐色的烟雾笼罩在城市上空。当地居民长期生活在含有硫化物的大气之中，呼吸道疾病和哮喘病的发病率骤增，一些病患者因为忍受不了呼吸困难的折磨和痛苦而选择自杀。当地一位得了咳喘病的六年级小女孩曾写下一首诗："大家仰头望着天空，阴沉沉的黑洞洞。巨大的工厂在喷烟，放出了有毒的亚硫酸。今天硫酸也毒死了人，何时能还我蓝蓝的天？"这首诗引发了日本民众强烈的情感共鸣和深入思考。据日本厚生劳动省统计，截至1972年底，全国确诊的哮喘病受害者人数高达6 376人，已经有11人死亡。空气污染不仅危害了人们的生存环境，而且对身体健康造成了直接威胁。日本雾霾中的大量二氧化硫、氮氧化物和重金属颗粒被人体吸入，附着在呼吸道和肺部，轻者呼吸困难、咳嗽，重者死亡。这种危害对于老人和小孩来说几乎是不可逆转的伤害。政府为了减少雾霾对市民的伤害，劝告市民出门要尽量佩戴口罩。此后，除了四日市哮喘病之外，日本还发生了废水银污染导致的水俣病、第二水俣病（或称新潟水俣病）、镉污染导致的痛痛病，合称为日本"四大公害病"。

在自下而上的民众监督以及舆论的压力下，日本政府颁布了一系列法案对环境污染进行整治。1968年出台了《空气污染防治法》，将空气污染物排放标准上升到法律层面。政府针对公害病的诉讼，颁布了《污染损害健康赔偿法》《职业健康受害补偿法》，健全法律赔偿途径；2000年日本修订了《关于确保都民健康和安全的环境条例》，明确规定严重空气污染时应采取的紧急措施。此外，日本政府调集专家分析大气污染的原因，认识到大气污染主要来自“固定发生源”的工厂和“移动发生源”的汽车。于是日本大力推行公共交通，提倡绿色出行。现在日本家庭汽车的占有率从20年前的69.7%降至38.6%，大大减少了汽车尾气的排放。

20世纪后半叶以来，日本的生态环境状况明显好转，空气新鲜，蓝天常在。然而，佩戴口罩仿佛成了日本社会的重要习俗。今天走在日本街头，你会发现日本人佩戴口罩及由口罩延伸的口罩文化十分显著。美国亚裔喜剧演员杨珍妮（Jenny Yang）曾经在BuzzFeed（美国的新闻聚合网站）上有一个关于“问一个亚洲人”的系列视频，该视频中被问到频率较高的一个问题就是“亚洲人为什么戴口罩”。在亚洲国家中，日本是真正的口罩大国。根据数据显示，2018年度（2018年4月—2019年3月）日本生产口罩11.1亿只，进口44.3亿只，合计55.4亿只；扣除库存全年度消耗口罩55.21亿只，即日本人人均一年消耗口罩约43只。这一数据充分证明，口罩亚文化在日本已然非常流行。“戴着口罩快步走路”是日本人长期以来给予我们的印象，诸多人戴着口罩奔跑在人流中，特别是在公共场所，如公交、地铁、商场等地，戴着口罩奔涌而出的人群是日本各大城市街头的一大奇观。然而，我们不禁要问，当雾霾的岁月已经远去，为何日本人不像英国人、美国人那样甩掉口罩，反而是更加喜欢佩戴口罩了呢？

首先，这仍然是保护他人和保护自我的一种便捷方式。

日本人在公共场合佩戴口罩，既防止自己受空气中病毒的传播，也避免在与他人交谈中相互传播细菌等。因为自己患感冒或其他传染性疾病而主动佩戴口罩，以避免传染给他人。正如前文中介绍的那样，日本在20世纪50年代开始出现大规模的环境污染问题。1995年日本爆发过大规模花粉过敏、2009年爆发甲型 H1N1 流感。佩戴口罩以预防传染性疾病逐渐成为日本人民的生活习惯。环境污染问题和公共卫生问题共同塑造了日本人佩戴口罩的生活习惯和文化礼仪，也是日本人社会责任感和国民素质的体现。此外，虽然雾霾天不见了，但花粉过敏者（花粉过敏也称花粉症）还是大有人在。据统计，大约每5个日本人中，就有2个是花粉症患者。每年春季，万物复苏，鲜花斗艳，同时也产生了大量的花粉。口罩是日本人防止花粉过敏的有效护具。一方面是为了防止吸入花粉，造成过敏；另一方面，还可以遮挡因花粉过敏而变红的鼻子。在日本的一部著名动画片《蜡笔小新》中有一集画面，就是主人公蜡笔小新佩戴口罩，担心自己会花粉过敏。由此可见，花粉过敏在日本是一件极其使人困扰的事情。

其次，日本人保持着东方人（东亚人）内敛内向、谦逊严谨的特有传统。这种内敛和谦逊在西方人甚至在中国人看来有些过于谦卑。他们甚至经常将自己围裹起来，遮蔽自己的面部，不轻易暴露自己的表情和情绪的微妙变化，不轻易外露自己的喜怒哀乐，只露出两只眼睛。尤其是女性，在公共场合她们非常注意、注重遮挡自己的外在形象。进入21世纪的日本年轻一代，佩戴口罩并非为了卫生防疫防霾，其

“遮脸”与日本当今所谓“低欲望社会”密切相关：老龄化时代的日本青年一代（20~40岁）崇尚“佛系”，宅男宅女们一旦走出“宅己地”，就好像深藏于黑暗洞穴中的动物那样害怕露出真容，所以他们喜欢戴着口罩，以便隐藏未化妆的“灰头土脸”，也不担心伤心或嘲弄的表情会被人看到，正所谓“面具戴久了，就摘不下来了”。

再次，这是缓解社交恐惧症的一种重要机制。日本心理咨询师菊本裕三在他的《口罩依赖症》一书中，描述了日本市民逐渐形成的口罩依赖症，尤其是在2009年H1N1流感结束后，一些年龄在30~40岁的人，常年受到工作、社交等压力，佩戴口罩可以让他们更好地隐藏自己的情绪，寻求内在的安全感，缓解自己的社交恐惧症。同时，随着网络、社交媒体的日益发展，日本的青少年大多保持在社交媒体上与人交流的习惯，对于线下面对面的交流会产生手足无措的窘迫感。这一现象不仅在日本尤为突出，也是所有被喻为互联网原住民的青年一代共有的问题。耳机和口罩俨然成为当下各国青年群体的标配。仿佛戴上耳机和口罩，周围的一切就与我毫无关系。青少年戴上耳机和口罩，就像是在网络空间实现了匿名交流一样，避免了社交尴尬和心理压力。总之，佩戴口罩在日本可谓是一种极具特色的风俗习惯和地方文化。当佩戴着口罩出现在大庭广众之下，这似乎又回到“忍者面罩”的时代，也许历史总是会以某种形式再现。

总之，日本公众喜欢佩戴口罩正逐渐从个人卫生防护向寻求心理安抚转变。安全毯（security blanket）是一个较为常见的心理学名词，原本指可以让小孩子入睡更安稳的毛毯，现特指向物品寻求安全感的行为。特别值得一提的是，在2011年福岛核电站泄漏事件之后，日本民众普遍对看不见的“核辐射”极为恐慌，更令人感到不安的是个体对于眼前潜在灾难的束手无策。于是，人们想起了口罩，尽管它可能并不起作用，但可以安抚民众的不安情绪。因而，佩戴口罩的人就多了起来。从这一角度来看，佩戴口罩寻求心理安慰的行为也与人类社会早期的宗教面具或欧洲中世纪的鸟嘴面罩有着共通之处。

近年来，中国许多城市也遭遇了雾霾天气，引发了全社会的高度关注。雾霾不仅是一种空气污染，也直接威胁着人的身体健康和生命安全。口罩也已经在不知不觉中成为许多中国人的生活必需品。2012年，中国明确将生态文明建设列入中国特色社会主义“五位一体”的总体布局，要求经济、政治、文化、社会、环境的可持续发展，实现人与自然的和谐统一。2017年，中国共产党在十九大报告首次提出建设“富强、民主、文明、和谐、美丽”的社会主义现代化强国的目标，较之原有的“富强、民主、文明、和谐”提法，鲜明提出了建设“美丽中国”。中国的社会主要矛盾已经转化为人民日益增长的美好生活需要和不平衡不充分的发展之间的矛盾。从“美丽中国”到“美好生活”，绿水青山都是题中应有之义。然而，我们需要认识这样一个事实，即使是世界上最强大最高效的政府，也难以单打独斗战胜雾霾。从英国、美国、日本等发达国家治理雾霾的经验来看，治理雾霾不能仅仅依赖政府的努力，更需要我们每一个人都积极参与，从立法推动、政府主导、多方参与、科技支撑等维度全面推进。同时，我们还要做好长期战霾的心理准备和物资储备。今天我们戴上口罩，是为了明天能够展现更好的笑容！

第五章

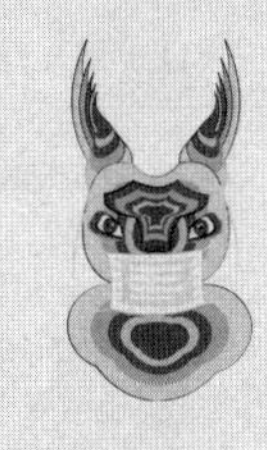
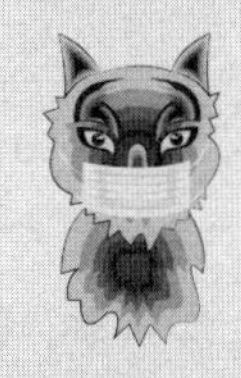

口罩与“新冠”战疫

2020年是一个特殊的年份，两组完全一样的数字“20”，组成了谐音“爱你爱你”，真可谓阅之圆满，闻之美好，实属百年一遇的好年份。然而，正当许多人憧憬着新的一年收获不一样的爱情、友情、亲情之时，突如其来的新冠疫情打乱了所有人的生活、工作节奏。2020年1月20日晚，中国工程院院士、卫生健康委员会（简称“卫健委”）国家高级别专家组组长钟南山，在接受央视主持人白岩松连线采访时明确表示：新型冠状病毒肺炎存在人传人的现象。片刻间，整个中国社会对新冠病毒肺炎的警惕性骤然提升至最高级。

一、口罩成了“硬通货”

疫情之下，什么最宝贵、最稀缺、最受追捧？“口罩”当之无愧。各大药房门前出现了抢购口罩的人们，几乎每一位进入药店的人都风尘仆仆、焦急万分，他们开口第一句话便是“还有口罩吗”。京东、天猫、苏宁、网易严选等电商平台上的口罩瞬间售罄。由于时值春节假期，上游医药公司、厂家纷纷放假，口罩供货和补货变得十分困难。在这一背景下，疯抢口罩、高价兜售、口罩限购这些词语在大家口中变得热门起来。为了应对民众对口罩的“热情”，有口罩进货渠道的药店，都采取限购的方式，有的甚至仅限本店会员限量购买；而一些电商平台则采取了“预约—抢购”的方式上架口罩。然而，瞬间巨大的访问量时常导致服务器宕机，以致为了避免瞬时峰值冲击，有的电商平台不再预告上架时间，只针对订阅了“到货通知”的用户进行APP内消息提醒。

对于大多数中国民众而言，口罩的基本断货大概发生在春节过后，几乎身边所有的药店、超市无一例外都贴出了“本店口罩无货”几个大字，网上各平台也再难寻觅各种医用口罩的踪迹，“一罩难求”成为人们现实生活的真实写照。铺天盖地而来的有关新冠病毒肺炎具有极强传染性的新闻报道，则进一步加剧了民众们的焦虑情绪。没有口罩的人们，更加渴望买到口罩以解燃眉之急；有口罩的人们，也想着囤更多口罩以备不时之需。普通人想实现“口罩自由”已经是一种奢望。小小的口罩，摇身一变成了“硬通货”——它已经成为人们日常生活不可或缺的必需品，它让身处人群中、走在路途上的个人获得了莫大的安全感，它甚至成了恋人间表达爱意、朋友间表达友谊、亲人间表达关爱的最佳之选。

众所周知，中国是一个制造业大国。按照工业体系完整度来算，中国拥有41个工业大类、191个中类、525个小类，成为全世界唯一拥有联合国产业分类中全部工业门类的国家。换句话说，联合国产业分类中所列举的全部工业门类都能在中国找到。正因为此，从苹果到特斯拉，一批批世界行业巨头纷纷选择在中国投资建厂。从制造能力而言，中国大批量生产口罩是完全能够胜任的。正如工信部数据显示，中国是世界最大的口罩生产和出口国，年产量约占全球的50%，中国的口罩最大产能是每天2 000多万只。既然如此，为何疫情之初全国会遭遇如此大范围的口罩紧缺呢?

答案其实显而易见。其一，我国口罩生产厂商普遍规模不大，单一企业的产能本身有限，平时采取订单式生产模式。时逢春节期间，企业原有的订单基本完工并发货，原材料和口罩库存都清空了，并且许多打工者也已返乡过年，企业生产能力短时间内无法恢复。其二，口罩存在有效期，各单位平时不会大量储存。在日常情况下，厂商、企业、电商、药房和医院等单位都不会大量囤货。特别是诸如N95口罩和医用外科口罩，医院是按照临床所需，保持大概一个星期左右的库存量，足以满足本单位医护人员的需求。其三，口罩需求量超规模增长。疫情期间，口罩是民众生活的必需品，中国有14亿人口，即使按照每人每天1只口罩计算，我国原有最大产能（每天2 000万只）也难以满足。因此，巨大的口罩缺口如何弥补成了战疫要解决的关键问题。

在应对口罩紧缺状况之时，我们也看到了许多另类创新。例如，一位老爷爷用半个橘子皮和鞋带自制了“橘子皮口罩”，在微博和微信上引发了热议。老人对用橘子皮当作口罩这一行为的解释是，当自己得知要戴口罩预防新冠病毒肺炎时，口罩已经到处都买不到了，实在没有办法，就琢磨着用家中的橘子皮“创作”了一款口罩。诸如此类的创新，还有柚子皮口罩、泡面桶口罩、白菜叶子口罩、塑料水桶口罩、纸尿裤口罩、头盔套塑料袋口罩等。这些看似创意十足的DIY口罩，实际上是许多没来得及买口罩的人在疫情肆虐之下的无奈之举。如果我们稍加留意，就可以发现老年人是出现这一另类创新举动的重要人群。在移动互联网时代，老年群体的信息获取力弱，反应速度较慢，网购能力更是不足，他们毫无疑问是“互联网+”时代中的弱势群体。当药店、超市里的口罩早已被抢购一空之时，许多老年人（特别是独居的孤寡老人）往往还没搞清楚事情的来龙去脉。当他们意识到自己是新型冠状病毒的易感人群，急切需要口罩来抵御病毒入侵之时，口罩已经是一罩难求。

口罩的紧缺虽然引发了民众的不安，却也催生了许多感人的故事。网上有这样一段刷爆朋友圈的视频。2020年1月30日上午，在太原开往运城的D5319次列车上，乘警霍恩堂在车厢例行巡视时，发现一名大娘没有佩戴口罩，一直用衣服捂着口鼻。由于1月20日国家卫健委正式发布了2020年第1号文件，把新冠肺炎纳入乙类传染病，并采取甲类传染病的预防控制措施。佩戴口罩成为乘坐公共交通工具的基本要求。霍警官立即上前询问得知，这位大娘临时着急出门，但又到处买不到口罩，自己心里也很着急，却手足无措、无可奈何。霍警官马上宽慰她，“现在确实口罩到处都买不到，没事没事，别心急，我这还有多余的我们单位发的口罩，阿姨你先拿着用吧。”说着就从口袋里面掏出一个崭新的口罩递给了大娘，还叮嘱她：“遇到什么事情都可以跟我们说，有我们在，别害怕。”在视频中，大娘的泪水忍不住流了下来，不停用手擦拭眼泪。据悉，当日乘警霍恩堂要在D5319次列车上执勤6个小时，出乘时他领取了单位配发的2只医用防护口罩，而他送出的也正是自己当天唯一的备用口罩。为了抗击新型肺炎疫情，大家在公共场所都必须戴着口罩。口罩能够阻挡气焰嚣张的新冠病毒，却不能也不应该隔离人与人之间的关爱。

二、从“一罩难求”到“口罩自由”

2020年2月17日外交部举行网上例行记者会，有记者向时任外交部发言人的耿爽提问道，“疫情发生以来，广大华侨华人一直在为支援中国抗击疫情忙碌。有人认为这是中国政府在海外动员的结果。你怎么看?”耿爽直言，“扶危济困、互帮互助素来是中华民族的优良传统。天涯海角隔不开海外侨胞的赤子之心，万水千山斩不断血浓于水的同胞之情。”这一问一答彰显了海外华侨在这场疫情“阻击战”中所发挥的关键作用。当得知国内口罩急缺的消息，海外华侨华人有钱出钱、有力出力，八仙过海，各显其能，送来了大量口罩、防护服等国内急需的物资。炎黄子孙，中华儿女，无论身处何方，拳拳赤子之心总是牵挂着这片土地和生活在这片土地上的同胞兄弟姊妹。

在这里，要特别讲述一个令人动容的真实故事。身在旧金山的一位98岁老华侨叶细英得知美国湖南联谊会正在为武汉筹集口罩、防护服等物资，坚持也要为疫区捐款表达自己的一份心意。她从自己的内衣口袋里面掏出一个小钱包，把里面最大面额的100美元交给了联谊会的负责人员。叶细英老人多年前随子女从中国澳门移民美国，在美国没有工作，就在家做饭和照顾小孩，生活一直非常勤俭。这100美元是她省吃俭用积攒下来的，“这是我的一点心意！希望疫区人民早点渡过难关。”虽然100美元对抗疫而言数额很小，却饱含着老人家对祖国的深深牵挂和款款真情。令人无比难过的是，叶细英老人在捐款后的第二天于家中仙逝了。有网友感慨，“无论走到天涯海角，只要是中国人，他们都牵挂着祖国的亲人。给老人点赞，祝愿老人家一路走好。”

在海外华侨群体中，各类同乡会、同学会、联谊会是发动和组织捐款捐物行动的重要枢纽。这些民间组织既直接接受成员们的直接捐款，又通过亚马逊、eBay、药店网站等渠道，采购大量的口罩、防护服、护目镜等医疗物资。然后，在中国驻外使领馆协助下，这些民间组织统筹协调货物包装、运输航班、出境和入境清关等各项事宜，以保障物资最后交付到接收单位手中。海外物资进入国内有多种方式，一般而言，企业对企业的国际贸易、个人对个人的直邮、跨境电商、保税备货和其他（邮寄小包、买手或旅行团带货）是最为常见的五种渠道。然而，在疫情期间，很多渠道都未必能顺畅实现捐赠物资的及时运抵。海外华侨组织在这一过程中将民间力量和政府力量、国内需求和海外援助及时有效地对接，淋漓尽致地展现了中华儿女血浓于水的情感。正如一位名叫伍汉文的华侨写下的《情牵武汉》的诗句：“共同命运一环球，战疫情牵五大洲。亿万资源驰武汉，险关挺过解忧愁。”

需要特别指出的是，不仅是海外华侨，身处境外的每一个中国人都在行动。著名音乐人胡海泉利用自己作为公众人物的优势，采取了人肉带货的方式，将其采购的八万只口罩带回国内。事后，海泉基金发微博透露：“我们的合伙人胡海泉赶上某航空公司该国航线停航前最后一个航班。在国外的机场亲自挨个‘刷脸’托回国的同胞，人肉托运在国外采购的口罩。把最后一批八万个口罩（整整四十大箱），拜托临时找到的乘客志愿者托运了，人肉带货的方法确实更有效率。谢谢帮我们带货的这十几个家庭，你们最棒！武汉加油！中国加油！”

与此同时，国内一批具有全球战略布局的企业率先行动起来向全球采购口罩。阿里巴巴集团自2020年1月30日起，陆续从印度尼西亚、韩国、俄罗斯等国采购了大量急需的N95口罩，先运抵上海浦东国际机场，随后直接运送湖北武汉、浙江温州等物资紧缺的医院。此后，其采购区域还扩展到日本、土耳其、摩洛哥、乌克兰、哥伦比亚、芬兰、德国等地。对于全球采购而言，最大的挑战在于不同国家对口罩执行的合格标准不一。一方面，采购过程中需要迅速甄别和找到对应国内医疗机构所需物资的本地口罩购买标准；另一方面，由于口罩的日本标准、韩国标准、欧洲标准、美国标准各不相同，且与中国标准存在一定差异，按照国家有关规定不能直接进口到国内。

俗话说“只要思想不滑坡，办法总比困难多”。这些现实问题难不倒在世界市场的汪洋大海游泳的中国企业。他们邀请了信誉好的海外质检机构参与对本地供应商资质审核、海外实地校验、国内入仓验货、留样送审等整个环节的工作中。同时，许多企业积极联系国家市场监督管理总局，尽快协调从全球采购而来的不同标准的口罩如何进口的可行方案。2020年4月17日晚，马云在接受中央电视台《新闻1+1》栏目主持人白岩松连线采访时透露，“那时候我真是火急火燎。我专门给国家市场监管总局的领导肖局长打电话，我说这个口罩咱们一定得进来。他那时候说救人、救火、救武汉比什么都重要，立刻开会协调，把这些口罩运进了国内。”正是由于中国企业和政府相关部门的携手合作，接力推进，密切配合，确保了来自世界各处的口罩能够迅速进入国内，投入抗疫最前线。

口罩是医务人员抗击疫情的武器，是保护群众健康的盾牌，也是企业有序复工复产的坚强保障。除了全球采购应急之外，解决口罩短缺的关键在于尽快恢复和扩大产能。首先，原本的口罩生产商陆续复工，加班加点安排生产。许多地方政府专门建立了驻企联企服务员机制，切实解决企业复工复产和生产经营中的困难。一方面，积极帮助企业获取生产口罩的原辅料（无纺布、熔喷布、鼻梁条、耳带）；另一方面，由于企业原有的工人困在家乡，必须想方设法临时缓解当时企业用工不足的矛盾，尽快形成新的生产能力，开足马力全面复工。

许多地方政府动员广大机关干部、党员团员、社会志愿者等投身企业复工复产第一线。例如，浙江振德医疗用品股份有限公司是全国第二大口罩生产企业，拥有10多条全自动口罩生产线。然而，1月22日以来，由于包装工人人手不足，企业的口罩生产线难以开足马力。企业有员工360多人，其中有170多人还处在隔离中，包装工人远远不够，导致产能受限。当地政府了解企业的困难之后，立即从市直机关党工委和团市委招募了70多名青年党员团员作为突击队和特殊志愿者，深入振德的口罩生产线包装车间，与一线工人一起封装、打包。类似的故事在许多口罩生产企业都在上演，来自党政机关、事业单位、群团组织、高校院所等各行各业的志愿者们，为防疫物资生产尽一份自己的力量。

其次，一批基础条件比较好的跨行业企业积极投身口罩生产。据从天眼查得的数据显示，2020年1月1日至2月7日期间，有超过3 000家企业在自己的经营范围里新增了“口罩、防护服”等内容。从中央层面来看，为了实现口罩生产能力的进一步提升，2月15日，国家市场监督管理总局、国家药品监督管理局、国家知识产权局联合发布《关于发挥政府储备作用支持应对疫情紧缺物资增产增供的通知》，为各类企业转产制造口罩、防护服等应急物资简化了生产资质审批程序，对有能力生产国内标准口罩但长期代工国外标准口罩的企业加快审核和办理国内口罩生产资质。从地方层面来看，多省市陆续出台多项超常规政策措施，如专项资金补助、承包车间改建、提供优惠贷款和一次性奖励等，有力地支持了企业新建转产扩能。

在这些政策激励之下，腾讯、阿里、恒大、京东、中石化、上汽通用五菱、比亚迪、佛慈制药、爹地宝贝、水星家纺、华纺股份、三枪内衣、红豆服饰、延安必康、紫鑫药业、卫河酒业等不同领域的一大批国企民企纷纷改线转产口罩业务，成为复工复产中的一抹亮色。按照市场监管总局部署，各地市场监管部门在当地党委政府的领导下，开通绿色通道，实行“特事特办”，快速、便捷办理。在上述措施的支持下，中国的口罩生产能力被彻底激发出来，口罩日产量从1月25日的每天800万只猛增至2月29日的每天1.16亿只。仅35天，口罩日产量就增长了近14倍。一片片小口罩彰显了各方众志成城的大合力。此前到处抢购口罩的网友们逐渐发现，口罩不再是“一罩难求”了，而是货源越来越多，价格越来越实惠，“想买就买”的口罩自由基本实现了。

此外，许多企业不仅在扩大口罩产能上持续努力，还积极围绕开发研制新型防疫口罩做文章。例如，有的企业研发了由食品级硅胶作为罩体加上多次重复使用滤芯构成的防护口罩，过滤效果达到KN95标准，但比传统口罩更加环保经济；有的企业利用纳米技术研制了一款可以反复水洗使用的新型纳米抗菌口罩，不仅具有超强的抗菌功能，而且整个生产流程不使用任何化学试剂，采用全物理方式隔离细菌病毒，颗粒过滤效果也高达95%以上，抑菌效果也不会因为水洗而受影响；还有的企业"悬赏"100万人民币面向社会征集口罩产品的创新解决方案，力求从功能、材料、生产工艺等方面改进现有产品，或是生产有颠覆意义的防护产品，为人类的健康提供舒适、可靠的保障。除此以外，在熔喷布、鼻梁条、口罩机等传统口罩生产的各个环节之中，每家企业都在进行各种技术改良和"微小创新"。三层布、两条线、一个梁，口罩看上去结构简单，却也蕴含"大学问"和"大创意"。

总之，越是在困难面前，越能体现一个民族的凝聚力和战斗力。疫情十万火急，口罩万分急缺，海外华侨和身处境内外的中国人使出了"十八般武艺"，中国社会各界精诚团结、前赴后继、全力以赴、慷慨无私地投入筹集和生产口罩的全民总动员中。这一场景的背后不是中国政府自上而下的政治动员，而是所有中华儿女对这片土地和人民最真挚、最朴素、最深沉的情感流露和自发行动。

三、岂曰无衣？与子同袍

新冠肺炎爆发之初，国际社会对中国的战疫进行了大量物资援助。巴基斯坦政府率先从全国公立医院库存中征调了30万只医用口罩、800套医用防护服和6 800副手套，在2020年2月1日下午抵达中国。巴基斯坦外交部发表声明称："我们随时准备向我们的中国弟兄提供一切可能的援助，巴基斯坦政府、人民和中国人民在一起。”巴政府明确表示愿意拿出全国医院库存的口罩提供给中国，中国民众不禁感叹“巴铁”真铁！不仅是巴基斯坦政府，巴基斯坦民间社会也积极支持中国社会战疫。该国最大民营钢铁制造企业巴基斯坦亚星钢铁股份有限公司（中巴合资）也第一时间向武汉捐赠医用N95口罩3 000只、一次性医用口罩4万只。

针对中国的新冠疫情，日本上上下下做出了积极反应和及时援助。日本首相安倍晋三表示，“会全力支持中国抗击疫情”，执政党自民党也第一时间发起爱心捐款行动，并且宣布日本将不分国籍公费治疗新冠病毒肺炎患者。日本各个地方政府、公益机构、企业公司纷纷支援防护口罩、防护服、大型CT检测设备等物资；大阪商业街挂满了“挺住！！武汉”的标语，等等，这些举动赢得了中国政府和民众的肯定和感动。特别是在日本援华物资上写下了许多极具文化意蕴和情感共鸣的中国古诗词来表达鼓励支持，令中国民众无不动容。同为邻国，韩国总统文在寅也立即表示，“中国是与韩国人员交流规模最大的国家，也是韩国最大的贸易国，中国的困难就是我们的困难。”韩国不遗余力地提供支援和配合，与中国携手抗击疫情，第一时间决定向中国紧急提供200万只口罩、100万只医用口罩、10万件防护服和10万副护目镜。

根据《人民日报》发布的统计数据，截至2020年3月2日，全球共有71个国家和9个国际组织在中国抗击疫情过程中伸出援手。国外援助中国抗疫物资清单如下页表所示。

国外援助中国抗疫物资清单

阿尔及利亚	口罩、护目镜、医用手套等
阿联酋	外科口罩、医用手套、护目镜、防护服等
埃及	口罩、医用防护服等
爱沙尼亚	疫情防控物资
奥地利	防护手套、防护口罩等
澳大利亚	奶粉、燕麦片、饼干、口罩、护目镜、防护服、医疗设备、肥皂、清洁剂等
巴基斯坦	口罩、医用防护服、手套等
巴勒斯坦	疫情防控物资
巴林	口罩、防护服、手套、护目镜、鞋套、医用清洁巾和医用垃圾袋等
巴西	疫情防控物资
白俄罗斯	外科医用大褂、口罩、手套、碘酒、防护服、消毒液等
波兰	口罩等
朝鲜	救灾支援资金
赤道几内亚	200万美元
英国	医用手套、医用防护服、护目镜等
韩国	口罩、医用手套、防护镜、防护服、洗手液等
丹麦	疫情防控物资
德国	医疗防疫物资
多米尼克	疫情防控物资

（续表）

俄罗斯	医用口罩、医用手套、防护服、护目镜、一次性外套、一次性无菌外科用外套、鞋套等
厄瓜多尔	医用手术服、口罩等
法国	医用防护服、口罩、手套和消毒产品等
菲律宾	医用口罩、防护服、护目镜、手套等
刚果（布）	疫情防控物资
哥斯达黎加	医用口罩、手套、防护服等
格林纳达	疫情防控物资
哈萨克斯坦	医用手套、医用口罩等
吉布提	100万美元
吉尔吉斯斯坦	消毒剂、一次性医疗服和口罩等
加拿大	口罩、护目镜、医用手套、医用防护服等
加纳	N95口罩等
柬埔寨	医用口罩、防护服、消毒洗手液等
捷克	捐款、医疗防护设备等
卡塔尔	疫情防控物资
科特迪瓦	疫情防控物资
肯尼亚	疫情防控物资
拉脱维亚	医用防护服等
老挝	40万美元现金和10万美元医疗防疫物资
卢森堡	医疗物资
马尔代夫	100万罐金枪鱼罐头

（续表）

马来西亚	防护服、护目镜、口罩等
美国	防控物资
蒙古	捐款、3万只羊、口罩
孟加拉国	疫情防控物资
缅甸	口罩、护目镜、大米等
尼泊尔	口罩等
尼日利亚	物资支持
挪威	疫情防控物资
日本	消毒水、口罩、护服、防护眼罩、速干洗手液、橡胶手套等
塞尔维亚	疫情防控物资
沙特	医疗器材、防护用品
斯里兰卡	红茶
斯洛文尼亚	防护口罩等
苏里南	口罩等
塔吉克斯坦	医疗物资
泰国	口罩、防护服、防护眼镜、手套等
特立尼达和多巴哥	N95口罩等
突尼斯	疫情防控物资
土耳其	防化服、过滤口罩、一次性防护服等
瓦努阿图	1 000万瓦图现金支票
乌拉圭	疫情防控物资

（续表）

乌兹别克斯坦	手套、防护服、口罩等
新加坡	药物、医疗用品和供实验室使用的新型冠状病毒检测试剂盒
新西兰	应急医疗物资
匈牙利	医用口罩、医用手套等
伊朗	口罩等
意大利	口罩、防护服、护目镜等
印度	口罩、手套及其他紧急医疗设备
印尼	医用口罩、防护服等
越南	医用手套、医用口罩、防护服等
智利	水果

9个国际组织捐献的援助物品

联合国儿童基金会	口罩、防护服、护目镜、医用手套、体温计、样本采集包和洗手液等
联合国工发组织	医用N95口罩、防护服、医疗废物处理设备等
联合国开发计划署	临床心电监护系统、输液泵等医疗设备，一线医护人员个人防护用品
联合国南南合作办公室	无创呼吸机、医用防护服等
联合国人口基金	卫生巾和安心裤等医疗设备和卫生用品
联合国驻华机构	急需的医疗用品和资源
国际移民组织	外科手套、高质量外科口罩和防护服等

（续表）

国际竹藤组织	竹浆纸
欧盟	防护物资

从这份长长的名单中，我们既看到了许多发达国家的身影，也看到了很多发展中国家的名字。从捐赠物资上来看，口罩无疑是海外援助中国抗疫的重要物资。正所谓"有钱出钱，有力出力。"许多国家并不具备口罩生产的能力，也捐来了他们力所能及的物资。例如，近邻蒙古本身不具备生产口罩和防护服的产业，却发起了"永久邻邦、暖心支持"的行动，特意向中方赠送3万只羊，以表达蒙古国人民的心意。来自印度洋的岛国斯里兰卡向中国捐赠了他们世界闻名的特产锡兰红茶，只有40万人口的马尔代夫则捐来了对于他们而言最重要的战略物资——100万罐金枪鱼罐头。南太平洋的一个小岛国瓦努阿图是联合国认定的全球最不发达国家之一，也向中国政府捐赠了1 000万瓦图的现金支票（相当于人民币61.4万元）。远在南美的智利也给中国捐来了樱桃、蓝莓、桃子和李子等特产水果。世界上最小的国家梵蒂冈，虽然尚未与中国建立外交关系，也及时送来了70万只口罩。

2020年6月7日，中国国务院新闻办公室发布了《抗击新冠肺炎疫情的中国行动》白皮书。该书透露了在中国疫情防控形势最艰难的时候，国际社会给予了中国和中国人民宝贵的支持和帮助。全球170多个国家领导人、50个国际和地区组织负责人以及300多个外国政党和政治组织向中国领导人来函致电、发表声明表示慰问支持。77个国家和12个国际组织为中国人民抗疫斗争提供捐赠（比3月份又有增加），包括医用口罩、防护服、护目镜、呼吸机等急用医疗物资和设备。84个国家的地方政府、企业、民间机构、人士向中国提供了物资捐赠。金砖国家新开发银行、亚洲基础设施投资银行分别向中国提供70亿、24.85亿元人民币的紧急贷款，世界银行、亚洲开发银行向中国提供国家公共卫生应急管理体系建设等贷款支持。正所谓，患难见真情，这些暖心行动的背后是浓厚的国际情谊和人道主义精神。正如外交部新闻发言人华春莹所言，中国对其他国家人民给予中国的同情、理解和支持表示衷心感谢，铭记在心。

在这些慷慨援助中，最令中国民众记忆犹新的当属日本政府和民间社会捐赠的口罩。引发中国民众热议的尤其是日本汉语水平考试事务局捐赠给湖北高校的2万只口罩外包装上所题写的“山川异域，风月同天”八字诗句。这句话为唐代鉴真东渡时的一句偈语，充分展现了中日两国千年以来人文交流的绵延不断和文化传承的源远流长。

在《唐大和上东征传》（又名《过海大师东征传》《鉴真和尚东征传》）中有这样一段记载：“日本国长屋王崇敬佛法，造千袈裟，来施此国大德众僧，其袈裟缘上绣着四句曰：‘山川异域，风月同天，寄诸佛子，共结来缘。’以此思量，诚是佛法兴隆，有缘之国也。今我同法众中，谁有应此远请，向日本国传法者乎？”唐朝是中国历史上极具世界影响力的王朝，日本先后十余次派出遣唐使团来学习唐朝的律令制度、科学技术和文化艺术等。公元7世纪时，大约1 300年前，日本的长屋王非常羡慕唐朝发达的文化和佛教，于是精心制作了1 000领袈裟，派遣使团到唐朝送给中国的僧人们。这些袈裟上用金线绣着四句话："山川异域，风月同天，寄诸佛子，共结来缘。"当鉴真和尚得知日本长屋王赠送袈裟的善举和诚邀唐朝高僧前往日本传播佛法时，他便下定决心接受邀请，东渡日本，正所谓"是为法事也，何惜身命"。

从天宝二年（743年）第一次东渡算起，由于风浪、触礁、航海技术等种种原因，鉴真和尚历经五次失败，付出了三十六人的宝贵生命，以自己失去双眼的巨大代价，终于在天宝十二

鉴真和尚

年（753年）第六次东渡成功到达萨摩的秋妻屋浦，实现了他多年来的夙愿。鉴真东渡对日本的佛教发展以及建筑、医药等领域产生了深远影响，成就了中日两国文化交流史上最辉煌、最感人的那一幕。1 300年后的今天，“山川异域，风月同天”这寥寥几个汉字就足以传递一衣带水、心心相通的感人力量。

无独有偶，日本舞鹤市政府驰援大连的防疫物资上也写着“青山一道同云雨，明月何曾是两乡”的诗文。这是源自唐代著名诗人王昌龄的《送柴侍御》，原文为：“沅水通波接武冈，送君不觉有离伤。青山一道同云雨，明月何曾是两乡。”这是一首送别诗，王昌龄用轻快乐观的词句表达对友人离去的感伤。最后两句，运用灵巧的笔法，一句肯定，一句反诘，妙笔生花般地化“远”为“近”，使“两乡”为“一乡”，彰显了人分两地、情同一心的深情厚谊。

此外，日本医药NPO法人仁心会、日本湖北总商会、Huobi Global、株式会社Incuba Alpha四家机构联合捐赠给湖北的物资上用红色字体写着：“岂曰无衣，与子同裳！”这句话出自《诗经·秦风·无衣》，原文是

岂曰无衣？与子同袍。王于兴师，修我戈矛。与子同仇！

岂曰无衣？与子同泽。王于兴师，修我矛戟。与子偕作！

岂曰无衣？与子同裳。王于兴师，修我甲兵。与子偕行！

这既是一首典型的赋体诗，也是一首铿锵有力的战歌，在铺陈复唱中展现了将士们出征沙场同仇敌忾的豪迈之情。其中，“同袍”“同泽”“同裳”皆表达了将士们不惧困难、上下一心、团结互助的兄弟之情，“无袍”“无泽”中的“袍泽”被后人用为异姓结盟兄弟的典故。日本民众将这句诗词写在防疫物资外包装上，传递着对中国民众抗击疫情的精神支持，展现了两国风雨同舟、患难与共的真挚情谊。

中华民族向来是懂得感恩、投桃报李的民族。随着中国国内疫情得到有效控制并持续向好，中国企业的口罩生产能力也提升到新水平，抗击新冠疫情却进入了“下半场”——整个世界陷入了“全球抗疫”危机中。正谓“滴水之恩，当涌泉相报”，中国政府和社会向全世界伸出了援助之手，始终在力所能及的范围为国际社会抗击疫情提供坚强支持。

巴基斯坦倾举国之力支援中国抗击疫情，让中国人感动不已。当巴基斯坦疫情开始蔓延，中国政府、企业和社会机构的医疗捐赠物资源源不断涌向巴基斯坦。据统计，中国已累计向巴基斯坦捐赠了390台呼吸机、33万套试剂盒、83万个N95口罩、580万个外科口罩、4.2万套防护服、数百万其他防护物品及400万美元现汇援助，巴基斯坦已成为迄今得到中国援助最多的国家。中巴合资的亚星钢铁股份有限公司在捐赠物资的纸箱上标示了“百干同根，森如弟昆”字样。这是取自南宋诗人王十朋的四言诗《黄杨》，寓意兄弟情谊深厚，生生不息。这正是对中巴友谊最好的注脚。

俗话说，远亲不如近邻。俄罗斯作为中国的近邻，当看到中国面临巨大的疫情挑战时，多次派遣满载医疗物资的运输机飞抵武汉进行援助。随着俄罗斯国内疫情日趋严重，中国立刻伸出援手，驰援俄罗斯的抗疫行动。两国之间犹如情分深厚的挚友，谁都没有刻意地四处宣传或高调宣布自己的援助行动，而是默默为对方提供急需的援助。2020年4月20日，俄罗斯总统普京在视频会议上主动提及中国的援助，他说："2月份中国朋友有困难时我们发去了200万只口罩。截至目前，从中国经各种渠道进入我国的口罩已达1.5亿只。"中国不仅给俄罗斯提供了口罩支援，还积极向俄罗斯派去专家组进行防疫经验交流，帮助俄罗斯人民尽快取得抗击新冠病毒的胜利。

“投我以木桃，报之以琼瑶。”援华物资上题写的诗句曾在中国疫情最艰难的时期，给每一个中国人带来了深深的感动。当全球面临严峻的疫情考验时，中国政府、企业、民间组织不仅全力以赴地提供各种物资援助和分享战疫经验，更是不约而同地精心挑选了各种诗句、箴言、歌词作为寄语附在援外物资的包装箱上。一行行简短而真挚的文字，透露着中国人投桃报李、雪中送炭的真情实意。

日本爱知县丰川市和中国江苏无锡市是友好城市。2020年2月，当无锡面临防疫严峻考验时，丰川市向无锡新吴区捐赠了4 500个口罩。然而，3月份日本的新冠病毒肺炎防控愈加吃紧，丰川市口罩库存严重不足，一罩难求。丰川市市长竹本幸夫迫于无奈只得主动联系无锡市，询问之前捐赠的口罩是否还有剩余和能否返还。无锡新吴区获悉丰川市口罩告急的信息，立即筹措了5万只口罩反向捐赠，并用繁体字写上了“一衣带水，源远流长；隔海相望，樱花满开；众志成城，战疫必胜”，表达了与丰川市守望相助、同舟共济、共克时艰的决心与信心。

诸如此类的故事不胜枚举。辽宁向日本北海道捐赠的物资上写着，“鲸波万里，一苇可航，出入相友，守望相助。”后两句出自四书中的《孟子·滕文公上》:“乡田同井，出入相友，守望相助，疾病相扶持，则百姓亲睦。”沈阳市向日本川崎、札幌捐献的抗疫物资上则分别写着“玫瑰杜鹃花团锦簇，油松山茶叶茂根深”和“玫瑰铃兰花团锦簇，油松丁香叶茂根深”，这两句寄语将沈阳的市花玫瑰和市树油松，与川崎的市花杜鹃和市树山茶以及札幌的市花铃兰和市树丁香巧妙地融于一体，体现了双方休戚与共、携手同行的深厚情谊。山东省向日本和歌山县捐赠的3万只普通医用外科口罩包装箱上写着来自宋朝诗人张孝祥《西江月黄陵庙》的“满载一船明月，平铺千里秋江”，表达了希望日本友人早日战胜疫情的美好祝愿。

浙江省在向日本静冈县捐赠的口罩、防护服、护目镜等物资上，写上了“天台立本情无隔，一树花开两地芳”的诗句。这句诗出自20世纪80年代圆寂的爱国高僧巨赞法师的《风月同天法运长二首其二赠日本莲宗立本寺细井友晋贯主》，原文是“风月同天法运长，圆融真谷境生光。天台立本情无隔，一树花开两地芳。”以“花开两地，满目芬芳”

寓指情意不分地域。中国驻名古屋总领事馆向日本医院捐赠了3万只医用外科口罩，并在包装箱上写着：“雾尽风暖，樱花将灿”以及日本著名俳句诗人小林一茶的俳句“花の陰赤の他人はなかりけり”（樱花树之下，没有陌路人），表达了中日携手努力定能战胜疫情的坚定信念。

不仅是对日援助物资上写满了诗句，中国向其他国家提供的口罩包装上同样附上了美好祝福。中国驻韩国大使馆向首尔市捐赠2.5万只KF94口罩，并在运送箱上贴上了出自朝鲜王朝时期大儒金正喜的“岁寒松柏，长毋相忘”，而在援助大邱市的抗疫物资上写着新罗旅唐学者崔致远的《双溪寺真鉴禅师碑铭》开篇名句“道不远人，人无异国”，以此来表达中韩两国守望相助，命运与共。浙江省政府援助韩国的口罩、防护服、护目镜等物资包装盒上引用了唐代诗人孟浩然《渡浙江问舟中人》中的“扁舟共济与君同”，而赠予韩国全罗南道的物资上则是“肝胆每相照，冰壶映寒月”，这源于朝鲜王朝中期诗人许筠的作品《送参军吴子鱼大兄还大朝》。河南省援助韩国庆尚北道和大邱市的口罩、防护服等物资外面张贴有“相知无远近，万里尚为邻”字样，这是出自唐朝诗人张九龄《送韦城李少府》的诗句。

在欧洲，2020年3月18日，中国政府向法国提供的口罩、防护服等医疗物资抵达巴黎戴高乐机场。人们发现这些援助物资外面写有汉语和法语的寄语。汉语是三国蜀汉学者谯周《谯子·齐交》的“千里同好，坚于金石”，而法语则是法国大文豪维克多·雨果的名言“Unis nous vaincrons”

（团结定能胜利）。同样，2020年3月24日，意大利外长迪马约在接受意大利国家广播电视台采访时，特别提到中国是意大利爆发新冠肺炎疫情后，第一个提供医疗物资并派遣医疗专家的国家。迪马约透露了这样一组数字，当中国武汉的疫情全面爆发时，意大利向中国捐助了4万只口罩；当意大利成为欧洲疫情蔓延的重灾区时，意大利向欧盟求助，但没有得到回应，而中国回赠了数百万只口罩。令人印象深刻的是，在中国援助意大利的防疫物资木箱上，古罗马哲学家塞内加（Seneca）的一句诗词也被引用：We are waves of the same sea, leaves of the same tree, flowers of the same garden（我们是同海之浪，同树之叶，同园之花）。此外，中国带去的医疗物资上写有"浮云游子意，明月故乡情"的寄语，借用了李白《送友人》中的"浮云游子意，落日故人情"，表达了祖国对意大利华侨华人的牵挂和关心。

当全球疫情大爆发，身处异乡的留学生们更是牵动着国人的心。在国内疫情异常严峻之时，留学生们立即组织起来扫马路、找药店、买口罩，想方设法在第一时间向国内医疗机构和亲人朋友寄送紧缺的医疗物资。然而，形势急转直下，由于许多国家防控不力，导致疫情持续蔓延，广大留学生们也不得不面临着新冠病毒的威胁。很多留学生调侃地说，"新冠疫情，中国打上半场，世界打下半场，而海外留学生打全场"。中国驻外使馆了解到留学生们防护物品短缺的实际困难，筹集医用口罩、消毒用品、预防中药、防疫手册等物资，防疫"健康包"通过当地的中国学生学者联合会发送到留学生的手中。据外交部副部长马朝旭介绍，各使领馆通过各种渠道向中国留学生比较集中的国家调配了50万份健康包，其中包括1 100多万份口罩、50万份消毒物品等物资。健康包里既有外科口罩、酒精消毒液、连花清瘟胶囊、复合维生素等“爆款”防疫物资，又附有一张写着温暖人心诗句的小纸条，如“细理游子绪，菰米似故乡”“月明闻杜宇，南北总关心”，等等。对于这份来自祖国的温暖，一位网名为“风中虓狼”的中国留学生的感慨，或许代表了广大留学生们的心声——“即便是在国外，祖国也没有忘记你，她一直是你最坚强的后盾。”

总之，随着中国抗疫物质先后运抵全球众多国家，这场“环球诗词大会”也如火如荼地展开，这些带有鲜明文化意蕴和人文关怀的寄语，给当地人们带去了严酷疫情之下的温暖与力量！2020年5月24日，十三届全国人大三次会议在北京人民大会堂举行视频记者会，国务委员兼外交部部长王毅就中国外交政策和对外关系回答中外记者提问。其中，王毅特别透露了中国在全球抗疫中所展开的积极行动：截至2020年5月，中国已经向将近150个国家和4个国际组织提供了紧急援助；为170多个国家举办了中国卫生专家参与的专题视频会议，毫无保留地分享中国的诊疗经验和防控方案；向24个有紧急需求的国家派遣了26支医疗专家组，在当地开展面对面的及时交流和现场指导。在全球普遍急需医疗防护物资的情况下，中国在保证产品质量的前提下，开足马力为全球生产各类紧缺的医疗物资和设备，仅口罩和防护服这两项就分别向世界出口了568亿只和2.5亿件。这可以说是中国历史上规模最大的一次全球紧急人道行动，体现了中华民族投桃报李的传统美德、中国人大爱无疆的人道主义情怀和中国政府兼济天下的大国责任担当。

新冠肺炎疫情是自中华人民共和国成立以来在我国发生的传播速度最快、感染范围最广、防控难度最大的一次重大突发公共卫生事件。世界各国均遭受了严重的破坏性冲击。截至2020年8月3日，全球累计确诊的新冠肺炎病例已经高达18 171 364例，累计死亡687 864例。随着南半球国家进入冬季，确诊病例和死亡病例的数字将继续攀升。当北半球迎来下一个冬季时，新冠肺炎或许还将会卷土重来。在这场全球战疫中，口罩成为阻隔病毒侵袭人类的最有效武器之一。作为一个口罩生产大国，中国既证明了自己强大的制造能力和快速反应能力，也暴露了应对重大突发公共卫生事件中医疗供给和战略储备不足的问题。然而，我们必须自豪地说，中国抗击疫情取得了巨大成功。在这场全球应对疫情的大考中，海内外中华儿女风雨同舟、守望相助，筑起了抗击疫情的巍峨长城，而中华民族淋漓尽致地展现了投我以木桃、报之以琼瑶的传统美德。

「第六章」

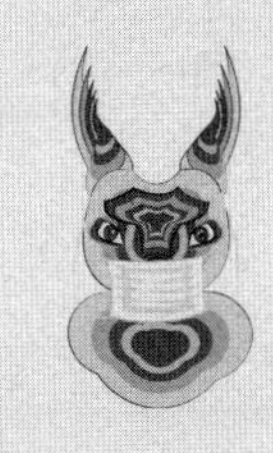
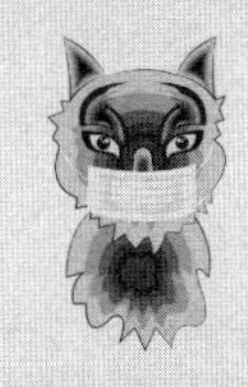

口罩与政治

古希腊哲人亚里士多德有一句传世名言，“人是天生的政治动物”。在人类摆脱了野蛮的“自然状态”之后，政治活动是人类社会的重要现象之一。中国人谈到政治，往往首先会想到王侯将相的各种趣闻轶事。20世纪20年代，孙中山在《民权主义》第一讲里说：“政就是众人之事，治就是管理。管理众人之事，便是政治。”这一对政治内涵的界定，将政治的范畴从帝王转移到老百姓的柴米油盐酱醋茶，揭示了政治与人们日常生活息息相关。换言之，政治是一个包罗万象的范畴，任何人和任何事都可能或有意或无意地与政治发生关联。在2020年全球应对新冠病毒的“世界大战”中，作为防疫装备的口罩被一些政客刻意地政治化和标签化，无奈地卷入了政党政治和国际政治的各种纷争。本来属于公共卫生科学领域的议题，却演变成政治斗争、政治表演、政治站队的焦点问题。

一、拒戴口罩的美国总统

在西方国家，只有严重病患者才需要佩戴口罩，健康人是不需要考虑的。美国疾控中心一直建议无症状的人不用戴口罩。然而，随着美国新冠疫情恶化，2020年4月3日美国疾控中心终于改口，正式建议全民佩戴布面罩，并发布了自制面罩的指导手册。此举被普遍认为是美国疾控中心对佩戴口罩态度的根本改变。自此，佩戴口罩变成美国社会抗击新冠疫情的新举措。谁也不曾想到，小小的口罩却变成了政治的风向标。戴口罩和不戴口罩在美国政界形成了鲜明对比，似乎已成为一种政治立意标志和政治分歧标示。

2020年5月26日是美国一个非常重要的日子——阵亡将士纪念日。在美国，每年5月的最后一个星期一，是纪念在各种战争中阵亡的美军将士的日子。恰在此时，美国因新冠肺炎去世的人数已经突破了10万，其中包括美国联邦政府首席传染病学家、白宫健康顾问、素有美国"钟南山"之称的安东尼·福奇（Anthony S. Fauci）在内的大多数专家都认为，美国真正的死亡人数可能远高于官方数据——一些在家中或养老院中去世的病人并未经过病毒检测。这一死亡数字已经远超在珍珠港事件、朝鲜战争、越南战争和"9·11事件"中丧生的人数，而且因新冠肺炎造成死亡的人数还在继续攀升。因此，华盛顿在疫情阴影笼罩下迎来了阵亡将士纪念日。

在纪念日当天，有两个人最为引人注目——美国现任总统唐纳德·特朗普和民主党总统候选人、美国前副总统乔·拜登。几乎所有美国媒体都关心着同一个问题：两人在出席阵亡将士纪念日活动时，是否会佩戴口罩？果然，当天特朗普和拜登的着装形成了鲜明的对比：特朗普一如既往地"裸脸"出现，而拜登佩戴着黑色的口罩和墨镜把自己的脸部包裹得几乎"密不透风"。特朗普在阿灵顿国家公墓的无名战士墓前，献上了红白蓝三色花圈，专门谈到当前美国面临的疫情危机，并向当前在抗疫前线的服役人员致敬。拜登则在特拉华州新堡退伍军人纪念公园献上花圈，这是近两个月以来拜登第一次公开露面。自新冠肺炎大流行以来，拜登一直隐身在家，通过互联网进行在线竞选活动，这与特朗普几乎天天都在白宫防疫简报中露面截然不同。

不戴口罩其实早就成为特朗普的个人标签。即使美国疾控中心建议全民佩戴布面罩时，特朗普依然多次在公开场合表示自己不会佩戴口罩："我自己就是不想戴。这是他们专家的推荐，但是我自我感觉很好。不知何故，坐在白宫椭圆形办公室里，站在那张漂亮的办公桌后面，我想我如果戴着口罩向各国总统、总理、首脑、国王和王后打招呼，我不知道会是一个什么样子。反正就是无法想象。"这是特朗普在白宫新闻发布会上亲自向全美民众所作的解释。随后，有新闻记者提到佩戴口罩已经不仅仅是一项建议，在美国许多地方变成了一项强制命令，并继续追问"面对着强制命令，总统您是否还是选择不服从?"特朗普一如既往地狡辩道："我想我还是不会这么做……也许我会改变主意，当我认为有必要的时候我会戴的，但目前我不会这么做。"与此同时，由于美国疫情严重，白宫内部却要求员工佩戴口罩上班，参加白宫例行记者会的各国记者也被要求必须戴上口罩。

无巧不成书，特朗普计划2020年5月前往密歇根州伊普西兰蒂市的福特汽车工厂参观。由于此前密歇根州州长格雷琴·惠特默签署了一项行政命令，强制命令该州在零售商店、药房等密闭空间场所的民众都必须佩戴口罩。福特公司也在其防疫指南中明确规定：任何人在任何时间进入该公司旗下任何工厂都必须佩戴口罩——由于密歇根这家工厂已经过改造，开始制造呼吸机等防护设备，佩戴口罩是厂房车间生产的基本要求。由于密歇根州发布了口罩“强制令”和福特工厂的特殊性，特朗普是否会在工厂内戴上口罩成了公众焦点。

密歇根州总检察长丹娜·内塞尔特意提前以公开信的形式向特朗普呼吁，总统应当尊重密歇根州整个州的民众以及福特公司所做出的巨大努力，在参观时必须戴上面部的防护面罩。内塞尔始终无法理解特朗普为何不肯佩戴口罩：“我们想问，特朗普总统是否不在乎自己的健康，不在乎在这些设施中工作的人的健康和安全。但他至少要在乎经济性，要知道他离开后工厂必须关闭进行消毒，这要花不少钱。”然而，特朗普对内塞尔的回应是总统的行动并非由他人支配，而是由白宫自行决定，是否佩戴口罩要到时候看情况。

美国时间5月21日，特朗普在视察密歇根州的福特工厂时，首次被媒体拍到在公共场合戴上了口罩。值得关注的是，特朗普在整个参观过程中只是在一个参观点时，才把一款印有总统徽章的“定制款”海军蓝口罩戴上。特朗普虽然第一次佩戴了口罩，但面对记者镜头时又刻意摘除口罩。他还特意向媒体“炫耀”了这款别致的口罩，“这是我的口罩，我很喜欢。老实说，我觉得我戴上后会更好看。我刚才在后面的区域戴了口罩，但我不想让媒体看到我戴口罩而感到开心。”

在疫情愈演愈烈的背景下，作为国家元首的总统在法律和道义上肩负着以身示范的责任应佩戴口罩。但特朗普却像一个任性的小孩，对待戴口罩如此儿戏，这一轻率的举动可能给许多美国人传达了最糟糕的信息。密歇根州总检察长内塞尔在美国有线电视新闻网（CNN）的一档节目中，公开批评特朗普，“我希望密歇根州的选民在11月到来时能记住这一点，他（特朗普）不足够关心他们的安全，不关心他们的福利，他不足够尊重他们，甚至不愿完成一项非常简单、没有痛苦的戴上口罩这样一项工作……我为有他这样一个美国总统而感到羞耻。”

内塞尔的指责激怒了特朗普，他在推特上连续发文予以回击，“密歇根州总检察长丹纳·内塞尔行为古怪，毫无作为。仅仅是因为我视察他们的呼吸机工厂时没戴口罩，她就恶意威胁福特汽车公司。这不是他们（工厂）的错，而且我当时戴了口罩。难怪在我上任之前，许多汽车公司都离开了密歇根”，“碌碌无为的密歇根州总检察长丹纳·内塞尔不应该对福特公司发泄怒火、做傻事，否则他们会像其他汽车公司一样对你感到不满并离开。”当然，对于外部的批评，特朗普一贯是用人身攻击和肆意谩骂来回应的，这种恼羞成怒的态度其实也反映了他本人的心虚不安。

此前，5月5日特朗普前往亚利桑那州凤凰城，特意参观霍尼韦尔公司的一家为联邦政府生产N95口罩的工厂。尽管该工厂规定每个进入生产车间的人都必须佩戴口罩，而且在流水线上繁忙工作的霍尼韦尔员工也都戴着口罩，但特朗普却特立独行，只戴了一幅护目镜。5月14日，特朗普参观了位于摇摆州宾夕法尼亚州阿伦敦的一家医疗物资配送中心，从新闻报道的视频和照片中来看，陪同参观的当地人员和特朗普随同人员都佩戴了口罩，只有特朗普一如既往以“裸脸”示人。密歇根之行后，6月5日特朗普专程前往美国缅因州，参观该州吉尔福德的Puritan医疗产品公司。这是世界最大的新冠检测拭子生产工厂之一。特朗普身着西装，依然没有佩戴口罩。在观看新冠病毒采集棉签生产流水线时，特朗普一边拿着棉签靠近鼻子，一边宣称：“我不应该告诉你这件事，但我每隔一天就会用一次。”事后，由于特朗普没有戴口罩靠近了生产线，且高谈阔论欢声笑语，厂家不得不把所有棉签都倒掉了。

除了特朗普外，美国副总统迈克·彭斯在参观梅奥诊所的时候，没戴口罩的他与周围戴着口罩的医生和病人们形成了鲜明的对比。副总统彭斯本人则声称，因为他定期接受新冠肺炎检测，所以他在参观梅奥诊所时不戴口罩并没有把任何人置于危险中。然而，梅奥诊所要求所有来访者必须佩戴口罩，彭斯的行为无异于损害鼓励佩戴口罩的公众健康运动。外界则把彭斯的行为看作一种政治宣示，宣示彭斯属于亲特朗普阵营。

二、口罩引发的政治分裂

戴不戴口罩在美国已经成为政治分歧的新标示，也使美国社会当下这种严重的政治两极分裂变得昭然若揭。以民主党为主要代表的自由派极力斥责总统特朗普和副总统彭斯在防疫工作如此艰巨的情况下树立坏榜样，行为粗狂鲁莽，给防疫工作带来了不良影响。而以共和党为代表的保守派则认为民主党人是“保姆式政府”的又一个例子。

与特朗普的固执己见相比，民主党人南希・佩洛西则率先垂范。自4月份疾控中心更改对口罩的建议后，佩洛西每次在国会山亮相时，总会根据自己的衣着搭配各种色彩鲜艳、颇具时尚感的口罩、围巾或丝巾，风格上或穿搭同一色系或采取混搭撞色设计，每日不重样，天天有变化，引领了一波疫情期间的口罩穿搭潮流，吸引了时尚圈的驻足关注，例如《风尚杂志》(Vogue)、《时尚杂志》(InStyle)、《时尚芭莎》(Harper's Bazaar)等近期都在跟踪报道她的穿搭。“国会女王”摇身一变俨然成了百变口罩穿搭的时尚女王，特朗普的老对手、前民主党总统候选人希拉里都不禁在自己的社交账号上分享和点赞佩洛西搭配口罩的着装照片。

在民主党人及其支持者看来，佩戴口罩是听从公共卫生专家的科学意见，体现了维护公共利益的公民责任感；任何人拒绝戴口罩是对专家及其科学决策的漠视和贬低，更是将自己和他人的身体健康和生命安全置于危险境地，是一种自大自满的个人主义表现。与此相反，以特朗普为代表的共和党人则认为，强制佩戴口罩是对新冠疫情反应过度，更是对个人自由的严重冒犯。特别是对于总统而言，戴口罩就等于对疫情的束手无策和懦弱无能，是一种缺乏领导力的表现，甚至会加深公众对于疫情的紧张和恐惧。反之，拒绝戴口罩则是展示总统不畏惧疫情的硬汉形象和一切尽在掌握的强大领导力。

2020年是美国的大选之年，也是共和党与民主党四年一次的正面较量。疫情与党争和大选背景的叠加，使得佩戴口罩这一问题在很大程度上被两党竞选攻势和否决政治所“绑架”，成为美国两党制下政党争斗的新符号。美国著名的政治学者弗朗西斯·福山曾指出，美国政坛现在的显著特征是“否决政治”（vetocracy），即共和党与民主党没有任何一方能拥有足够强大的权力以做出决策并有效管治，尤其是在意识形态分歧越来越大的时候，两党更倾向于使用手中的否决性资源来相互对抗。自特朗普入主白宫以来，否决政治在华盛顿已经愈演愈烈。从废除奥巴马医改到“政府关门”拉锯战，再到弹劾特朗普，共和党与民主党的政治斗争已经无处不在。

突如其来的新冠疫情并未能给两党纷争摁下暂停键，反而提供了一个新的战场。在这个战场中，佩戴口罩成为双方交火的重要议题。对于以特朗普为代表的共和党人，戴口罩被视为是一种对疫情反应过度的表现，而且显得缺乏领导力；而以拜登和佩洛西为代表的民主党人则将佩戴口罩作为严肃应对疫情和进行科学防护的举动，是愿意为拯救生命而做出个人牺牲的标志。根据美联社-芝加哥大学全国民意调查中心（AP-NORC）的民调显示，大约76%的民主党人在外出时会主动佩戴口罩，而共和党人则仅有59%。无独有偶，舆观调查公司（YouGov）与《赫芬顿邮报》共同进行的一项研究发现，有四分之三的民主党人认为戴口罩是一个公共卫生问题，而只有二分之一的共和党人是这么认为的。此外，英国BBC于5月21日的一篇文章中透露，自定义为共和党人的美国人当中只有43%的人认为新型冠状病毒疾病对公众健康是一个威胁。在民主党人中，82%的人表示全球疫情大流行是一次重大威胁。

戴不戴口罩，这本应是一个关于公共卫生的科学问题，在美国却被扭曲为政治问题，被赋予太多的政治纷争和党派立场，造成信息传递和功能定位上的错位和混乱。小小的口罩，承载了本不该属于它的政治化、标签化，甚至污名化对待，成为政治立场严重两极分化的美国进一步分裂的新例证。《政治报》网站一篇文章干脆直接贴党派标签："戴口罩的是自以为是的自由派，拒绝戴的是不顾风险的共和党人。"

特朗普拒绝佩戴口罩，绝不是对新冠病毒的轻视。如果我们仔细观察特朗普的身边人员是否戴口罩的变化，就可以发现许多端倪。据白宫管理办公室发布备忘录显示，从5月11日起，白宫所有工作人员和到访者都需戴口罩，参加白宫新闻发布例会的记者们也要戴口罩提问，为特朗普提供餐饮服务的工作人员（虽然并不直接接触特朗普）也被要求戴口罩。此外，对特朗普连任竞选团队来说，戴口罩既是工作要求，也变成了工作内容。作为连任竞选团队经理，布拉德·帕斯凯尔自己就率先戴上了口罩，并特意定制了许多白底红字、印有特朗普连任竞选口号"让美国保持伟大"的口罩，把口罩作为其竞选宣传品之一。总之，特朗普身边的白宫行政团队和连任竞选团队都已经早早地戴着口罩开展工作了。如果"大统领"真的不在乎新冠病毒传染，并且极为反感戴口罩，为何不免除周围人戴口罩的要求？由此看来，特朗普在戴口罩这个事上堪称"宽以待己，严于律人"。

在新冠疫情大爆发之前，美国及西方社会的普遍观念是只有病人才需要戴口罩，健康人则不需要戴。美国疾控中心也一直建议，戴口罩对预防新冠病毒作用不大，关键还是要靠勤洗手以及避免用手接触口鼻。随着新冠疫情的日益严峻，许多美国民众也改变了对戴口罩的态度和观念。在纽约史丹顿岛一家商店里，一名正在购物的女性顾客因为没有戴口罩而被其他几名顾客"围攻"，戴口罩的顾客厉声呵斥这名没有佩戴口罩的女性顾客。美国民众在口罩问题上的态度转变，着实让人始料未及，也只有这史无前例的传染病疫情才能带来如此迅速的社会变化。作为一种简单易行、成本较低的防护手段，戴口罩对减少新冠病毒传播具有明显效果，这也逐渐成为美国社会和国际社会的共识。既然如此，特朗普为何仍然拒不佩戴口罩呢？除了特朗普戏称的自己无法想象戴口罩的滑稽样貌，更为深层次的原因恐怕还是他在大选之年围绕实现连任所展开的利弊权衡和政治考量。

众所周知，特朗普是一个精明的商人，特别善于经营自己的屏幕形象。无论经商还是从政，他刻意留给公众的是一个性格强势、态度强硬、手段强大的“硬汉”形象。当新冠疫情公共危机发生以后，特朗普首先期望展示自己强大的领导力和一切尽在掌握的自信力。在疫情之初，他的策略是淡化新冠病毒的传染性和严重性，将其作为一种比较严重的流感（influenza）对待，以便维持美国社会的经济发展态势和社会就业率，避免对大选带来直接冲击。特朗普就是要通过不戴口罩的行为来向美国民众传达这样一种明确的信息，即美国的新冠疫情并不是特别严重，新冠疫情从来就不是一个问题，从来都不会影响人们的正常生活，人们的工作、娱乐、聚会、饮食、看球赛等活动，样样不误。因此，特朗普排斥中国、韩国等国采取的行之有效的社会停摆和强制隔离的策略。因为只有进行正常的生产和生活活动，才能恢复经济。只有经济恢复了，经济好转了，特朗普在2020年总统大选中获得连任才会有保障。即便不发生疫情，经济同样决定着特朗普能否连任。

当疫情已经完全失控时，特朗普宣布美国进入紧急状态，自命为“战时总统”，信誓旦旦由于自己的果断决策和英明领导，挽救了无数美国人的生命，并且很快将战胜可怕的病毒。同时，他开始疯狂地将新冠病毒大爆发“甩锅”给美国各州州长的懦弱无能，抛出“中国病毒”以转移国内民众的愤怒。概言之，对于特朗普而言，错误都是别人的，功劳都是自己的。

自始至终，特朗普最关心的是他的竞选连任选情。凡是影响其个人形象塑造和民意支持度的问题，他都会采取非常坚决的行动。戴口罩本来是一件很平常的事情，但特朗普认为这与其战时总统的定位极为不匹配。一旦戴着口罩出现在媒体面前，这就显示了一种妥协和示弱。尤其对于特朗普的铁杆支持者而言，曾经那个他们熟悉的强硬总统不见了，变成了躲在口罩后面对疫情束手无策的懦夫。此外，坚持不戴口罩，也可以向其支持者传递一种信号——疫情很快就会被控制，经济马上可以重启，实现其“美国回归正常”的承诺。总之，拒绝口罩并不是特朗普的任性所为，而是其维护个人形象、赢得连任竞选所采取的政治策略。距离11月份的总统大选剩下的时日已不多了，特朗普更加迫切希望保护好自己政治强人的形象。

此外，特朗普蔑视科学权威，假装口罩不重要，实际上也在掩盖美国政府口罩储备严重不足的现实尴尬。美国口罩的短缺与中国疫情之初的“一罩难求”有本质不同。中国是第一个遭遇新冠病毒大爆发的国家，对其严重的传染性有一个认知过程。加之春节假期，许多工厂无法复工复产，导致口罩生产能力无法释放。当我们克服各种困难，开足马力加班加点扩大生产后，口罩短缺问题迅速得到解决。反观美国，特朗普政府对疫情一直是轻视和淡化，根本没有未雨绸缪地进行防控准备。当疫情在国内肆虐时，各州和联邦政府才意识到口罩、防护服、呼吸机等抗疫物资严重短缺。3月13日，美国《纽约时报》“观点”专栏刊文指出，“中国为西方争取了时间，西方却白白浪费了。”口罩短缺也让人们看到美国政治家的傲慢与短视。在公共卫生危机面前，任何存有侥幸心理想嫁祸于人的政治诡计都不会得逞。正由于美国国内医用口罩短缺，美国疾控中心也不建议民众佩戴N95等医用口罩，以防挤占医务人员的物资供应。这一点也得到了福奇的承认，如果当时大家都去买口罩，那么在抗疫最前沿的医护工作者将没有口罩可用，因为美国国内的N95口罩和医用口罩等防护用具储备不足。

总之，新冠病毒是看不见的敌人，但佩戴口罩不等于惧怕这样的敌人。特朗普把口罩等公共卫生的防疫用品变成政治分裂的象征，将一个科学议题变成政治问题，口罩无奈地卷入了政党政治和总统大选的政治斗争。世界卫生组织（WHO）也注意到一些国家将政治斗争带入应对新冠疫情之中。世卫总干事谭德塞博士（Dr Tedros Adhanom Ghebreyesus）在4月20日的一份声明中说：“人民之前的裂痕，党派之间的裂痕是火上浇油。”“不要将这次疫情当成是一次彼此斗争或者赢得政治筹码的工具。这是危险的，像玩火。”在这样人命关天的议题上，怎由得政客们玩弄他们的党派之争和政治把戏呢？

三、勿让“政治口罩”蒙住眼睛

佩戴口罩实际是对新冠病毒危险的一种视觉警示，让人们更加重视个人卫生习惯。每天出门前，戴上口罩就像穿上制服，是一种个人防疫仪式。戴着口罩就如同接受了一种社会契约，必须时刻注意社交距离和个人卫生习惯。如果通过每个人佩戴口罩唤醒和筑牢个人防疫意识，叠加起来的巨大社会效应对于抗击新冠肺炎病毒这样重大的疫情将是不可估量的。

在美国，越来越多的州和地方政客已开始积极按照美国疾控中心的指导意见，将公共场合佩戴口罩作为地方法律和个人社交活动的基本准则。除了密歇根州之外，4月初新泽西州州长菲利普·墨菲下达命令，除未满两周岁的婴幼儿以及身体状况不允许戴口罩的情况之外，州内所有商店和其他重要场所内的民众都必须佩戴口罩。随后，新泽西州各地的商店都竖起了警示牌，要求没有遮盖面部的顾客不得入内或立即离开，当地警察还逮捕了数名无视禁令的人。

据《纽约时报》报道，纽约州是继新泽西州和马里兰州后，第三个在全州范围内颁布类似强制佩戴口罩命令的州。纽约州州长安德鲁·科莫4月15日表示将签署一项行政命令，要求所有民众在公共场所必须佩戴口罩。“你到公园去散步，这没问题。出去散步是因为家里的狗让你心烦意乱，你需要出门走走，没问题，但不要把病毒传染给我，你没有权利传染我。”作为疫情最严重的纽约州，州长安德鲁·科莫在疫情简报会上鼓励纽约民众戴口罩。他在疫情发布会上提出了这样的疑问，在美国为什么一线医护人员的感染率会比一般人群的低呢？为什么那些整天运营公交和地铁的交通系统内的工作人员感染率会比普通民众低呢？科莫对自己提出的疑问进行了这样的回答，戴口罩是有用的，口罩可以起保护作用！“戴口罩”是每个人应承担的社会责任，应该鼓励、劝说他人戴口罩，他还称应让戴口罩成为“我们文化的一部分”。科莫的态度也直接反映出，随着疫情蔓延，美国民众对于戴口罩的态度发生了一定的变化，从刚开始的抗拒到逐渐接受。

美国第二大城市洛杉矶也于4月10日宣布，该市仍在运行的各类行业要求其员工以及访问者必须佩戴能够遮挡口鼻的面部遮挡物。这项行政令适用于杂货店、药品店、餐馆、宾馆、建筑工地，出租车或共享车等行业。如果任何人拒绝佩戴，则安保人员有权驱赶或是报警处理。得克萨斯州的拉雷多市议会则通过一项法案，要求进入任何非本人私属建筑物时，或乘坐公共交通时，都需要用面罩遮住口鼻。否则，将被处以高达1 000美元的罚款。该市议员乔治·奥尔特盖特说，“我宁愿让他们背上债务，也不愿让他们躺进棺材”。凯泽家庭基金会（Kaiser Family Foundation）4月中旬进行的调查显示，全美四分之三成年人购买或制作至少一个口罩，用于在公共场所佩戴。

在欧洲，在疫情爆发初期，意大利某议员因为戴着口罩去开会，遭到周边人的嘲笑。因为在他的同事看来，戴口罩就像是一个生病的孩子。周围的人都对这个佩戴口罩的议员议论纷纷，而这位戴着口罩的议员果断地告诉大家，他戴口罩是为他们的安全负责任。除了部分亚裔和中国留学生外，大部分欧洲民众对戴口罩这一行为十分抵制，认为戴口罩对于防疫工作没有多大用处。2020年6月3日，世界卫生组织紧急项目负责人迈克尔·瑞安表示，世界卫生组织完全支持各国在特定环境下更广泛地使用口罩，作为全面应对新冠肺炎疫情策略的一部分。他同时强调，使用口罩不能替代其他必要的防护措施，如公共卫生干预、保持社交距离以及监测疫情发展和封锁疫情严重区域等。世界卫生组织的郑重推荐，正在逐渐改变许多国家对戴口罩防止疫情的科学认知。

从2020年6月15日起，英国政府要求公众在英格兰地区乘坐公共交通工具时必须佩戴面罩（face covering），这一强制令适用于乘坐公交车、长途汽车、火车、电车、轮渡和飞机的所有乘客，以降低在无法保持社交距离空间里的传染风险。对于拒绝佩戴面罩的乘客，交通运营部门将拒绝其搭乘交通工具或处以罚款。几乎所有的公共交通场所都摆放或悬挂了要求乘客佩戴面罩的指示牌。英国政府之所以推荐民众佩戴面罩而不是口罩，其实也有无奈之处。由于许多国家本身依赖口罩进口，无法满足全民佩戴口罩的要求。

这一强制令的出台是源于6月15日英国将允许非必需生活用品的零售商店重新开门营业，并让中学生重返校园。这无疑将给公共交通系统带来空前的压力，因而必须采取更加严厉的预防措施。需要特别指出的是，英国要求乘客佩戴的是face covering（面罩），而不是face mask（传统意义上的口罩）。所谓面罩，即能覆盖住口鼻的面部遮挡物，如围巾或其他能覆盖嘴和鼻子的纺织品。普通民众日常出行尽量不要使用医用防护级别的口罩（personal protective equipment mask），以保障一线医务工作人员的防护口罩供应充足。为此，英国政府提供了一些自制面罩指南，教民众在家就地取材制作简易实用的面罩。

许多国家的领导人并不像特朗普这样排斥戴口罩。法国总统马克龙在3月份数次外出视察时均佩戴了口罩，特别是在一所小学为学生们亲自示范了佩戴口罩的正确方法。马克龙配有法兰西国旗的深蓝色口罩与其同色系的西装搭配在一起极具时尚感和高级感。总统的亲力亲为也让佩戴口罩成为一件体现公民责任感的事情。印度总理莫迪选择用传统围巾做防护，无论是电视讲话、举行视频会议还是在飞机上处理公务，莫迪都用当地传统围巾“Gamucha”捂住口鼻，亲自带头，做出表率。莫迪认为，在印度，“受疫情影响，口罩已成为人们生活的一部分。有人戴口罩并不代表生病了。口罩将成为文明社会的象征。”日本首相安倍晋三是很早就在公开场合佩戴口罩的领导人。自4月1日以来，人们经常在电视上看到安倍戴着自制的布口罩发表讲话、出席会议、参加活动等。令人印象深刻的是，安倍的口罩尺寸较小，仅能遮住口鼻，却总是露出自己的下巴。据《每日新闻》报道，安倍的“迷你”口罩是由纱布制成，可以反复清洗使用。此外，被称为“反腐斗士”的斯洛伐克总统苏珊娜·恰普托娃是该国首位女总统。在疫情期间，她出席公共活动时总是坚持佩戴口罩和手套，并且将它们作为时尚单品融入自己的服饰穿搭，将防疫与时尚完美地结合在一起，给国民做了很好的榜样，对在全国推广戴口罩发挥了重要作用。

当然，还有一些国家领导人依然固执。巴西总统雅伊尔·博尔索纳罗（Jair Bolsonaro）的执政风格和应对策略与特朗普有很多相似的地方，两人都想淡化新型冠状病毒肺炎的威胁性和严重性，都抗拒佩戴口罩，都反对经济停摆和地区封锁的措施。同样的轻蔑态度，必然也遭到同样严峻的后果。随着南半球进入冬季，新冠疫情开始在巴西全面爆发，其确诊人数和死亡人数已经攀升至世界第二。在全球战疫之下，美国和巴西成为疫情最为严重的国家。人们不禁设想，如果特朗普和博尔索纳罗两位总统以身作则佩戴口罩，会不会对疫情防控产生积极的影响呢?

疫情就是一面照妖镜。同样的新冠疫情威胁，造就了不同的政治现实和应对行动。在挽救经济和挽救生命面前，有的国家毫不犹豫地选择生命至上，而有的国家则总幻想能保住经济。更有甚者，无视专家们的科学建议，漠视民众的生命安全，刻意忽视事实，故意制造冲突，一心只想着自己的总统宝座。口罩与政治捆绑在一起，这是一件令人唏嘘的事情。我们相信，世界人民的眼睛是雪亮的，各国应对疫情的策略选择与现实效果，他们一定会比较、会思考、会判断。

在这次新冠病毒疫情防控中，西方社会对佩戴口罩的抵制，也受到许多东亚民众的质疑和指责。西方国家开始推行或强制民众在公众场合佩戴口罩，或许会对全球疫情发展和公共文化带来积极改变。病毒从来不认政治家的“小九九”，只问有无阻挡它的有效办法。疫情在前，救人要紧，千万不要让“政治口罩”蒙住了眼睛。

「第七章」

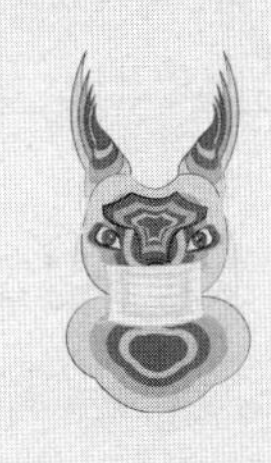

口罩与文艺

口罩已经完全融入现代人的日常生活，甚至成为时尚设计和文艺创作的重要载体。不同社会群体、年龄层次对口罩文化属性的认知与看法各异，呈现出多彩缤纷的样貌。今天，人们对口罩的印象早已跳出口罩是白色的原有印象，多种颜色的口罩成为功能与个性兼具的时尚产品。我们在市面上经常看到的口罩就有蓝色、白色、粉色和黑色，以及灰色、绿色等。颜色各异的口罩绝非一种率性而为的产物，而是适用于不同场合的。

蓝色和绿色口罩被广泛应用于医院等医疗卫生场所，人们一般购买的医用口罩大多数也是蓝色或绿色的。人们也许会对此产生疑问，医院的主基调往往是白色的，白大褂配上白口罩似乎更加相互映衬。然而，事实并非如此。医院工作环境的底色确实是白色，但是医生护士的白大褂再加上白色口罩，往往会给人造成视觉疲劳，对病人造成视觉上的压力，产生紧张感；同时，白色口罩增加了区分正反面的难度，花在戴口罩上的时间可能增多，有可能会降低工作效率。换个角度来说，蓝色或绿色本身是一种让人感到放松舒缓的色彩，也与医院的整体环境相融合，耐脏性也强于白色，沾染上血迹没有白色那么醒目。因此，蓝色和绿色口罩较多与医疗卫生工作相联系。

除此之外，在医院里儿科和产科等科室使用粉色口罩较多，因较之蓝色和绿色等冷色系口罩，粉色能给孕妇和儿童带去温馨和放松的感觉，具有更强的亲和力和亲近感。近年来，粉红色口罩也成为很多女生的日常选择，甚至一些男性也都戴粉红色的口罩。例如，2020年防控新冠疫情中，台湾掀起了一股粉红色风潮，许多社会公众人物都带着粉红色口罩，其中大多是男性。原来是因为一个小男孩戴了粉色口罩去学校，受到了很多同学的嘲笑，为了给予小男孩以支持，粉红色口罩竟然流行了起来。总之，粉色口罩接受群体也在不断扩大。

近年来，黑色口罩也逐渐流行起来。年轻人对黑色口罩青睐有加。对于他们而言，黑色寓意着神秘和潮流。戴口罩不仅要满足预防疾病和雾霾袭扰的功能，还要与自身着装搭配相互映衬。黑色口罩更能满足青年人对审美的需求，让自己显得更加酷炫和紧跟潮流。同时，青年群体认为，黑色口罩有助于修饰脸型。因为黑色会给人视觉收缩效果，将口罩放置在下巴周围，可以显得脸型更加好看。当然，还有一部分“追星族”是在模仿自己喜爱的明星穿搭——大多明星出行时会选择戴黑色口罩。选择“明星同款”口罩，也是一种追求时尚的心理表现。与青年群体相反，年龄较大的社会人群往往不能接受黑色口罩。有人认为，黑色口罩会有一种压抑、沉重之感，还有些人认为戴黑色口罩煞气重、不吉利，因而比较排斥。不同年龄层次的人群，对口罩颜色的认知与偏好确实存在客观的差异。人们对口罩颜色的选择更多是服从内心的喜好，并逐渐形成一些约定俗成的文化习惯。

总之，口罩从问世至今，其颜色、款式也经历了日新月异的变迁和发展，变得愈来愈多样化和个性化。今天，口罩不再只是医用，而是实现了“跨界发展”，成为时尚设计、绘画创作、文学创作、影视制作中的重要元素。

一、时尚设计里的口罩元素

在现代意义上，口罩早已经不局限于防护和阻隔的作用，也往往成为众多艺术家们设计的灵感源泉，口罩与时尚圈、潮流圈紧密联系。“遮住一部分面容”成为人们审美和情绪的一种表达。那么，将口罩与时尚艺术设计联系起来，会碰撞出怎样的火花呢？在时尚圈内，口罩是一种时尚元素和时尚配饰，设计师们通过自身的灵感赋予口罩更多的艺术灵魂，个性化的创意设计使得口罩富于艺术性。

在2008年路易威登（Louis Vuitton）的春夏秀场上，口罩和时尚圈碰撞出巨大的火花。设计师将口罩设计成一款网状的蕾丝面纱，将其作为一种装饰品与身穿护士服装的模特相映衬，可谓是点睛之笔，吸引了秀场中人们的眼球。法国纪梵希（Givenchy）在2016年的秀场上，将口罩设计成白色蕾丝状，并用小颗珍珠装饰出花边，口罩设计融入蕾丝、珍珠等多种元素，被赋予一种更加神圣典雅的格调；华裔设计师亚历山大·王（Alexander Wang）在其设计中，运用蕾丝口罩设计与金属元素凸显衣服设计平衡互补，使其更加相得益彰。同时，口罩在时尚圈的运用也更好地传递了绿色、环保等理念。法国新锐设计师玛琳·奢瑞（Marine Serre）在设计中始终坚持传递可持续发展的理念，始终坚持旧物利用，简约的棉布滤净式口罩设计诠释并传递了对世界环境的关注，提醒人们加强环保的意识。

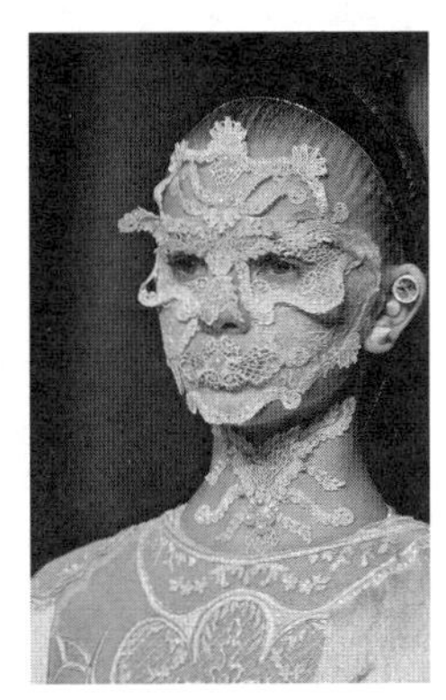

Louis Vuitton 的蕾丝面纱　　Givenchy 作品

Marine Serre 的棉布净滤式口罩

在2020年的各类时装周秀场上，不少设计师们也选择将口罩的设计与抗击新冠疫情相联系。例如，在品牌Blancore的秀场上，白色网纱与黑色绒线相搭配设计的口罩，显得更加醒目和梦幻。与此同时，很多品牌也推出各种潮牌设计口罩，如Prada、Off-white、Fendi等，传递了口罩与时髦两不误的时尚元素。除此之外，在口罩上进行DIY的设计也受到很多人的青睐，诠释了不一样的时尚元素，使得口罩更加独一无二。一些受邀参加Chanel秀场的设计师们就在口罩外形上自行DIY，以点缀Chanel经典山茶花；另一些设计师们受澳大利亚森林大火的影响，在口罩上加入了求助救援的符号。总之，设计师们在口罩上的各种精心设计，都展现了口罩与设计艺术的相互融合，营造出别致的时尚感和时代气息。

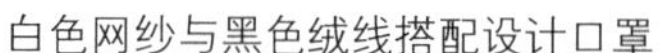

白色网纱与黑色绒线搭配设计口罩

Off-white 口罩

口罩的时尚设计不仅出现在秀场上，而且还出现在潮流圈内的许多领域。一些艺术家将潮鞋改造成防霾口罩。不得不说，这种将鞋与口罩联系在一起的独特设计灵感，确实让人出乎意料。普通人很难想到用球鞋改造成口罩，或是把球鞋款式的口罩戴在自己脸上。但事实证明，这种独特设计的口罩受到了潮人们的追捧。如王志钧就借鉴了众多经典款球鞋样式，改造出许多球鞋款式的口罩。或许是因为这些球鞋的经典造型受人追捧，如NIKE、YEEXY、AJ等，由此而来的口罩也显得独一无二且价格不菲。其中他最著名的一款作品是用Yeezy Boost 350 v2 OG改造而成的，价格竟然达到500美元。NBA篮球巨星哈登也拥有一款根据球鞋样式设计创作的专属harden vol.1口罩，这种款式的口罩应该也是极有收藏价值的。

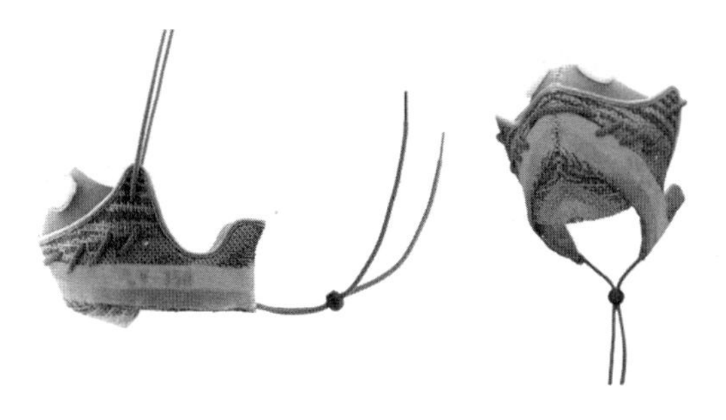

王志钧用球鞋改造的口罩

与此同时，口罩也出现在各种设计赛事中。设计师们将自己的理念和灵感赋予口罩独特的文化价值，凸显自己与众不同的设计理念。瑞士举行了一项主题为“带来你自己的口罩”（Bring Your Own Mask）的设计活动，活动不设置任何参与门槛，只是为了将口罩的美学设计与设计师的灵感相结合，重新定义口罩在人们心目中的样式与价值。此次口罩设计活动共设计出37款不同风格和美学意义的口罩，如“超级英雄”“世界上的唯一”“微笑吧”等，旨在传递时尚美学设计与防护功能统一的口罩新理念。同样，立陶宛艺术家创办了“口罩时装周”，邀请民众在社交媒体上分享有创意的口罩设计图片，这些绘有各种创意设计的口罩图片，如精美刺绣形式、夸张的红唇等形式，都会在首都维尔纽斯市中心街头竖起。这一举动不仅可以提高公众对口罩的接受度和认同度，而且还以共享的理念实现作品的时尚美度与设计者的内心温度相结合。

“超级英雄”

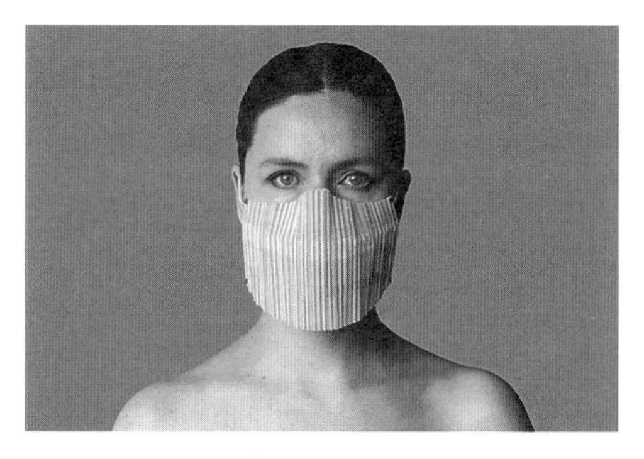

“世界上的唯一”

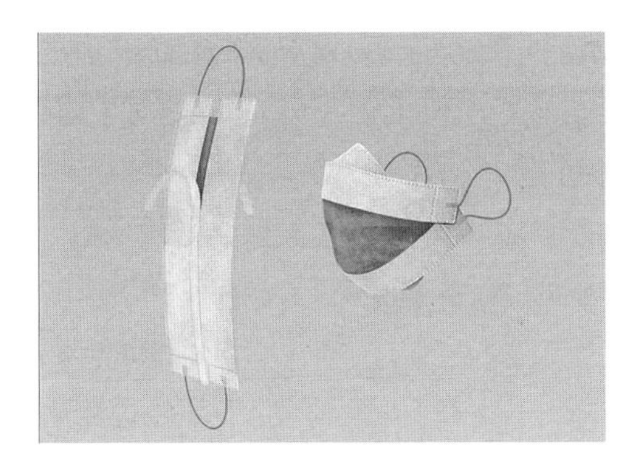

“微笑吧”

二、绘画创作中的口罩样式

口罩作为一种显性的视觉符号，一直都是社会生活中的绘画素材。在民国时期，随着口罩在生活中广泛应用，华君

华君武的漫画作品

武等漫画家以口罩为题，在一些通俗画报上刊登了不少关于口罩的漫画。这些漫画都反映了口罩在当时中国人的日常生活中已经得到了很好的普及。

在新冠疫情之下，口罩与人类融合得更紧密，甚至可以说成了无法分割的“新器官”。人们在油画、招贴画以及漫画上，给原有的经典人物形象强行“戴上”口罩，如给蒙娜丽莎“戴上”一只口罩等。也有不少漫画家针对部分欧美国家不佩戴口罩的现象，创造出一系列讽刺性漫画，如漫画家Lalo Alcaraz等。

“特朗普脸上已经有很多面罩了啊”

疫情期间，在口罩上进行绘画设计似乎成为国内外较为流行的艺术创作模式。《中国美术报》以“戴口罩的自画（拍）像”为主题，向全球艺术家发起抗击疫情作品线上展的邀请，鼓励人们对口罩进行设计创作，实现自我理性的表达。2020年五一假期期间，上海南京路步行街举办了“笑出

色彩 由新而生”艺术主题展，汇集了中外45名艺术家在疫情期间设计的48件口罩创意作品，旨在向人们传递“爱”和“新生”。5月20日，上海还举办了“中意时尚抗疫公益行”活动，活动中展示了由国内十位知名当代艺术家创作的近40件口罩作品，这些口罩上五彩斑斓的艺术图案，皆来自艺术家们对疫情的关注与思考，反映了东西方文化的交融，风格多样，色彩独特。

在国外，乌克兰文化和信息安全部，也联合艺术家发起了一场艺术运动，称为“隔离艺术运动”。将古典艺术作品重新创作，用幽默的绘画语言来教育大众，如何阻止病毒的传播，保持安全。巴勒斯坦年轻艺术家在N95口罩上绘画，并发布在社交媒体上，鼓励人们戴口罩，提高人们的防护意识，希望让人们感到快乐、友爱与和平。世界各地的艺术家们也做出他们自己的回应——纷纷拿起手中的画笔为街头壁画和涂鸦戴上了口罩等。

“笑出色彩 由新而生”艺术主题展口罩作品（图片来自中新网）

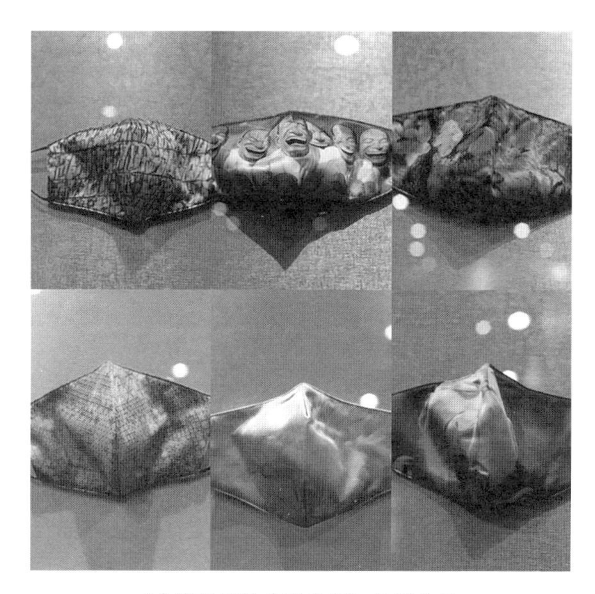

“中意时尚抗疫公益行”口罩作品

除此之外，在很多艺术家创作的油画作品上，人们也能看到口罩的身影。著名的油画家王秀章，以朴实有力的画风闻名，她曾经画过一幅《戴口罩的藏族妇女》，传递了当时饱受疫情困扰的藏族人民形象；油画名家张晓刚也曾在2015年专门创作过一幅名为《口罩》的油画，描绘了一名身着红色上衣白色裙子的女性佩戴口罩的样子，这一作品现在被收录进名为《隔离期自述及作品欣赏》的画集中，也可谓是相当应景。四川美术学院教师则专门以这次抗击疫情的英雄为题材创作了一幅名为《勇士》的油画，画中那些逆行的英雄都戴着口罩，目光如炬，展现出迎难而上的姿态。

王秀章 《戴口罩的藏族妇女》

张晓刚《口罩》

油画作品《勇士》

除了色彩斑斓的口罩绘画作品之外，雕塑家俞科举办了一期以口罩为题材的雕塑展览。俞科展示了28件关于口罩的艺术作品。这些口罩均来自现实生活，也就是从人们佩戴后丢弃掉的口罩中回收而来，并经过酒精消毒暴晒后进行艺术加工。这组作品基本都将人脸与口罩进行了重组与建构，其背后的理念更加令人深思。随着口罩逐渐成为人们生活中离不开的物品，它更像是文化属性下的人类器官，即五官之外的第六官。因此，这28件口罩作品被命名为《六官》。正如俞科所说："我们相当于每天都丢失了自己的半边脸。"人们在口罩之下，被一同丢失的还有面部表情的微妙性、社交互动时的敏锐度以及与外部世界信息交换时的精妙表达方式。口罩，或许正在推动人类社会以一种兼具保护与损伤的矛盾性机制开启新的进化。

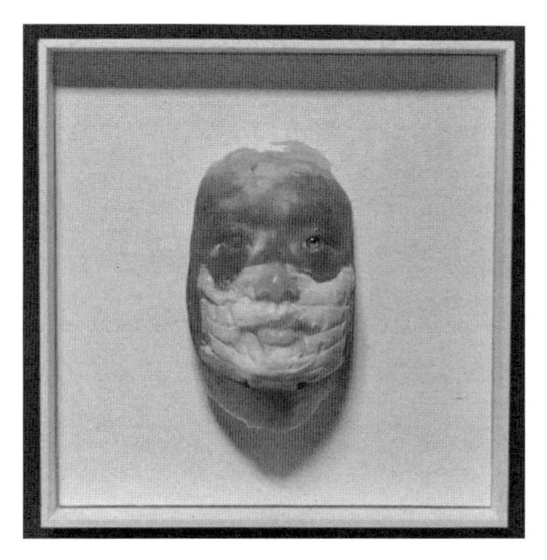

俞科口罩雕塑《六官》

三、文学创作中的口罩图景

口罩是各类文学作品中经常可以找到的创作元素。早在1929年，上海爆发了流行性脑脊髓膜炎传染病，佩戴口罩成为预防该疾病的重要方式之一。无论是报纸、还是医学专业刊物，都纷纷以口罩为主题创作了各种题材的作品，如《防脑膜炎简便的两法》《谈谈防疫口罩》等文章。这些作品既普及了科学知识，宣传了口罩的功效，又成为脍炙人口的杂文小品优秀代表。例如，民国著名报人严独鹤在当时的《新闻报》上以《最时髦的春装》为题，探讨了佩戴口罩的重要性："固然时髦的太太们小姐们，要教她们戴着一个乌黑的口罩，在马路上往来，自然觉得不甚雅观，可是戴口罩是为卫生起见。"作者在嬉笑怒骂之间，把戴口罩的重要性说得一清二楚。

除此之外，许多小说和诗歌也专门围绕口罩进行创作。作家王溱在《如新旧事》一书中描写了人们戴口罩的心理感受："淡蓝色的裙边，白色口布，中间凸了出来，咋看咋像个小防毒面具，戴上有些可笑，但让人觉得放心。"须一瓜曾写过一本名为《白口罩》的小说，讲述明城开发区突发流感疫情，民众人心惶惶，满城尽戴白口罩。在小说中，"白口罩"既是在不明传染性病毒肆虐之下阻隔病菌和自我保护的用具，又是城市面临危机的信号和人们内心懦弱和胆怯的流露。白口罩背后隐藏着的是极端情境下的复杂人性。青年诗人方石英创作于1999年的《口罩时代》这样写道，“少女遮住美丽的脸庞，逃避尘土与细菌，灰色的冬日，摇滚歌手，在口罩后无声地歌唱。口罩啊，你崭新洁白，像海市蜃楼刚贴上的瓷砖，你引导无数迟钝的双眼，从一个陌生到另一个陌生，所有的人都是医生又都是病人，每个人都戴着一只雪白的口罩。”

近年来，雾霾天气也催生了许多关于口罩的新诗出现。例如，《毛曰威诗集》中有一篇名为《雾霾口罩》的诗歌，“雾霾口罩很珍爱，送给心爱之人戴。深情厚谊互相知，隔着口罩香扑来。”伊沙在2017年《世界的歌声》长安新诗典中，有一篇关于口罩的诗歌，“平常日子，我看见口罩，总想知道，它罩住的一张脸，是美的？是丑的？这些日子，当瘟疫蔓延大地，我看见口罩，只想知道，它罩住的一张脸，是哭的？是笑的？”，等等。这些诗歌或描述了口罩的样式、功能，抑或是借口罩抒发疫情下自身的感受。

总之，随着口罩成为中国人生活中的常备之物，在文学作品中自然也时常能够看到它的踪影。创作者们更多的是借口罩抒发自己的感情，或是哀怨，或是感动，又或是敬佩。

2020年突如其来的新冠肺炎疫情，让不少艺术家为此而创作诗歌，口罩自然也是不能被遗忘的重要元素。如陕西著名作家商子秦创作的诗歌《致戴着口罩的中国》，内容如下：

不是科幻　也不是传说　伴随2020年春节的到

来　岁月的地平线上

走来了戴着口罩的中国　中国戴上了口罩啊　在这个异常严峻的时刻

面对突兀而来的疫情　一个新型冠状病毒　微乎其微而又无比险恶

藏匿于海鲜市场的污秽角落　向一个古老民族不宣而战　挑战生命的尊严

摧毁生活的祥和　一场没有硝烟的战争就这样打响

一方是生命　一方是病魔　在中华大地演绎生死大拼搏

中国戴上了口罩　戴上了沉重　戴上了惊愕

一只又一只的口罩　遮住了阳光一样的笑容　彩虹一样的欢乐

一只又一只的口罩　更凝聚起十四亿中华儿女　凝聚起我们的刚毅和执着

戴上口罩　绝不是标志怯懦　也不仅是较量病魔的规定动作

戴上口罩　站在最前列的是我们最可爱的人　那奋战在火线的医护工作者

身后是无数平凡百姓　无数戴着口罩的你和我　戴上口罩就是穿上迷彩

每一个人都是战士　在决战病魔的战场上　使命在身　永不退缩

用生命和忠诚筑起新的长城　前进　前进　前进

进　冒着敌人的炮火

看啊　一个个城乡戴上了口罩　成为坚不可摧的阵地　一座座医院戴上了口罩

集结歼敌的铁马金戈　一个个大门戴上了口罩　成为高度警惕的哨所

一个个日子戴上了口罩　见证奋不顾身的奉献和拼搏

戴上口罩就承担起义务　我们组成抗击病毒的长城

戴上口罩就标志着行动　我们编织缚住苍龙的网络

戴上口罩就戴上坚守　希望和我们一起默默等待

戴上口罩就戴上承诺　信念和我们一样坚定巍峨

戴上口罩的中国啊　表达了决战疫情的斗志　对人民健康的高度负责

戴着口罩的中国啊　维护人类生命的尊严　奏响我们必胜的凯歌

戴上口罩的中国　就是戴上口罩的你和我　面对肆虐的病毒　我们同仇敌忾

气壮山河　我呼吁　我们的雕塑艺术家　请为2020年的春节

义无反顾决战病魔的人民大众　塑一座戴着口罩的巍峨群像

这就是戴着口罩的中国　戴上口罩的我们　就是戴上口罩的中国

打赢应对疫情的防控阻击战　把胜利写进保卫人

类健康的史册

此外，2020年中央电视台春节联欢晚会也特意增加了有关抗击疫情的节目。白岩松、康辉、水均益、贺红梅、海霞、欧阳夏丹等联袂演绎了情景报告《爱是桥梁》，用集体朗诵的形式表达了对前线医务人员的崇高敬意和战胜瘟疫的坚定信心。

《爱是桥梁》朗诵词

白岩松：今天，我们走上这个舞台，都没有赶上过一次正规的彩排，这可能是春晚历史上给主持人留下准备时间最短的一次。但是，疫情发展的迅速，这份短，恰恰代表的是太多的人对防疫群体最长的思念和牵挂。

康辉：短短几天的时间，从习近平总书记的系列指示，到党中央国务院的高度重视；从各地方、部门的快速跟进，到专家、医生的全身心投入，还有，所有中国人关切的目光和温暖的支持，一场没有硝烟的战斗已经打响了。科学防控、坚定信心，就是抗击疫情最好的疫苗。众志成城，没有我们过不去的坎儿！

白岩松：过年，就要拜年。我姓白，当然，首先要给全国所有的白衣天使，尤其是奋战在防疫一线的白衣天使们拜年，我们在这儿过年，你们却在帮我们过关。但是，不管你有多忙，你有多累，再隔一会儿，钟声敲响的时候，给自己留几分钟的时间，如果可能的话，给家人打一个报平安的电话，许一个与幸福有关的愿，然后，回到战场，继续护佑我们的生命和健康。但是，一定要记住，我们爱你们，不只在今天，还在未来生命中的每一天。

欧阳夏丹： 在这儿，我特别想给所有的湖北人拜一个年。你们停下了出行的脚步，其实就是在刹住疫情前行的脚步。可能在那一瞬间，你们会觉得孤单，却可能是最不孤独的时刻，因为我们所有的人都和你们在一起。留在家中，就是你们对抗击疫情最大的奉献和牺牲。春节到了，春天也就不远了，让我们春天再相逢，隔离病毒，但是绝不会隔离爱，让我们一起给他们加油，给他们最最需要的温暖。

贺红梅： 我要给最近十四天内离开武汉的朋友们拜年。疫情有潜伏期，这段时间无论你走到哪儿，都请照顾好自己，也绝不给感染别人提供可能。您的安静过年，会帮助我们所有人平安。而对于全国的所有朋友来说，这个年更多的跟家人在一起，跟亲情在一起，跟爱在一起，让自己不感染，就是对抗击疫情作出的最大贡献。您安全了，十四亿人都安全了，疫情就被击垮了！

水均益： 我们还要感谢世界各国的朋友们，对于中国抗击疫情的关注和关心。你们的一声问候，一句鼓励，就是在为我们加油。病毒，不需要护照，我们是人类命运共同体，爱自己，也爱世界每一个角落的人。同一个世界，同样护佑健康。请相信中国，一切都会好起来的！

海霞： 今天，在澳网赛场，有一个好消息，王蔷战胜了强大的小威。你看，只要我们不怕，敢拼，就会赢。有党中央的坚强领导，有全国人民的齐心协力，有最透明的公开信息，有最细致的防护准备，最科学的预防治疗，最强有力的合力保障，最有信心地向前走，在防疫的赛场上，我们一定赢！

康辉： 今夜，让我们好好过这个年，也感谢所有为过好这个年正在努力和奉献的人们。过好年，充好电。我们就更有劲对不对，更有劲去把所有的事情做得更好。过年，过关，爱，都是最好的桥梁。我们给大家拜年——

加油，武汉！

合： 加油！中国！

除了诗歌之外，歌词中也同样少不了口罩。周杰伦在他的《彩虹》这首歌中曾唱到“有没有口罩一个给我”，虽然周杰伦在唱这句歌词时表达的并不是自己买不到口罩之意（这首歌于2007年发行），却被很多粉丝用于描述此次新冠肺炎发生之初一罩难求的窘境。很多人把这句话作为自己的朋友圈或者微博文案，表示自己买不到口罩的无奈之意。疫情期间，居家隔离客观上也为音乐创造提供了非常理想的时间，很多与口罩有关的音乐应时而生，同时也有不少创作者改编词曲或创作新词。许多流行歌曲、网友即兴创造曲目，甚至东北大鼓及快板书等歌词唱词都将抗疫和口罩融入其中，以表达对此次抗击疫情人员的敬意，也提醒周围人们出门记得戴口罩、保持社交距离等。我们收集了一些比较有代表的抗疫新作，以飨读者。

《口罩》作词：朱爽

两根吊带三层袍　我是一只小小的口罩　美丽姑娘正年少

为何穿上蓝色塑料　没有灵丹没有妙药　你心急如焚我心如刀绞

轻轻贴上你的脸庞　我们一起和时间赛跑　我曾向死而生也为爱而笑

平凡之中多少骄傲　这场感天动地的战斗中　多么荣幸我略尽微劳

一次抢救一缕笑　你的嘴角流露着骄傲　美丽姑娘多保重

我会直面烈火焚烧　聆听歌声倾听号角　看千军万马看滚滚浪涛

轻轻挥手说一声再见　你还会有更多的口罩

我曾向死而生也为爱而笑　平凡之中多少骄傲

这场感天动地的战斗中　多么荣幸我略尽微劳

希望你平安健康　期待你再传捷报

请你一定不要忘记　我是一只小小的口罩　我是一只小小的口罩

《你戴口罩也好看》歌词新编：必文钉钉

没陪爹娘吃年饭　没陪妻儿看海鸥　不管遗憾有多少　勇敢去战斗

没法看你的嘴角　彼此只能看眉梢　白云裁成一片

片 抗毒的口罩

你戴口罩也好看 无论军装和工装 每一个岗位每一个昼晚 都在交答卷

你戴口罩也好看 还有旗帜和徽章 把所有的艰险所有的挑战 统统都踩扁

为了远方的山川 为了美丽的乡愁 不管困难有多少 不胜不罢休

没法看你的嘴角 彼此只能看眉梢 白云裁成一片片 抗毒的口罩

你戴口罩也好看 无论军装和工装 每一个岗位每一个昼晚 都在交答卷

你戴口罩也好看 还有旗帜和徽章 把所有的艰险所有的挑战 统统都踩扁

《记得戴口罩》九江籍大学生创作战“疫”神曲

戴口罩 记得戴口罩 过年无须过多地客套 待在家里面就好

戴口罩 记得戴口罩 这种关键的时刻不要闹 不要恐慌不要浮躁

you know that 但相信国家 千万不要感到害怕 无数能人志士在这为大家奉献

《口罩背后的笑容》词：刘雯琦 杨艳波

因为有你 逆行在风雨 我们享受着幸福的呼吸

因为有你　屹立在阵地　我们有了必胜的勇气

口罩背后的笑语　渗着的爱一点一滴　来自肺腑的话语

透着的爱全心全意　全心全意

因为有你　穿越在风雨　我们感受着快乐的气息

因为有你　坚守在阵地　我们读懂生命的意义

防疫从我做起　认真做好细节点滴　相信一切会过去

明天更加灿烂美丽　灿烂美丽

相扶不离不弃　我们面对风雨　相助有我有你　一起创造生命的奇迹

京东大鼓《口罩》创作：宁城县乌兰牧骑　演唱：邵中华

冠状病毒在兴风　百姓只能坐家中

出门格外要注意　口罩不能随地扔

医用口罩作用大　防止飞沫飘空中

口罩颜色分深浅　内浅外深记心中

口罩也分上和下　上面是金属能定型

卡住鼻梁封住口　下巴部分兜住风

医用口罩是一次性　用完洗手要记清

二次污染最严重　口罩可不能随地扔

快板书——《小口罩儿》作词：刘昊燃

打竹板　呱呱叫　听我唱唱小口罩儿

小口罩儿虽然小　抗击疫情作用妙

传染病主要靠飞沫和接触两条道　病从口入和口出

口罩能把病毒来隔离　堪称防病的第一物
所以今天劝大家　出门一定戴口罩
人家都戴你不戴　能让人家吓一跳
路人躲你挺老远　难道你就不害臊
一旦病情被传染　酿成了后果难救药
自我防护需做好　善待他人更重要
所以说　小口罩儿　小口罩儿
是防护的罩儿　救命的罩儿
出门千万戴口罩

无论是以创作流行音乐的形式，还是改编歌词，抑或是以快板书、京东大鼓等形式，都是以社会大众喜闻乐见的形式传播佩戴口罩的重要性，表达对抗疫中那些冲锋在前的逆行者们的敬佩。

四、影视作品中的口罩影迹

口罩在影视作品中出现的频率一直较高。无论是动漫、电影，还是电视剧，只要拍摄主题与医院、医务工作者、实验室等有关，就自然少不了口罩的身影。在日本的动漫作品中，出现过很多戴口罩的动漫形象，主要分为经常性与临时性戴口罩两种类型。比如《火影忍者》里的卡卡西、《东京吃货》中的金木研等，这类长期戴口罩的

《东京吃货》中的金木研

动漫形象是为了凸显人物冷酷的性格特征，而在《电光超人古立特》（SSSS.GRIDMAN）中的哈丝，则是为了凸显人物的神秘性特征。此外，《樱桃小丸子》中小丸子临时性戴口罩，只是为了防止将病毒传染给自己的姐姐，《蜡笔小新》中蜡笔小新戴上口罩是担心自己会得上花粉症，等等。毋庸置疑，这些经典动漫中主人公佩戴口罩的形象，无不给众多动漫粉丝留下了深刻的印象。

《火影忍者》里的卡卡西

《SSSS.GRIDMAN》中的女配角哈丝

《樱桃小丸子》中的小丸子

有些影视作品将口罩作为传递某种信息或是表达丰富而复杂感情的独特载体。例如，在《女巫的季节》、*The Plague Doctor*等影视作品中，都对当时戴着“鸟嘴面具”的医生形象进行了再一次的刻画，以加深人们对14—17世纪欧洲爆发“黑死病”那段历史的了解。在2019年上映的《我和我的祖国》这部电影中，由张译饰演的高远这一形象深入人心。在电影中，高远几乎始终是戴着口罩的，虽然没有说很多的台词，却被观众牢牢记住。高远之所以佩戴口罩主要是因为自己在研究过程中受到辐射的伤害，身体非常虚弱而需要防护病菌入侵。当然，由于高远工作的特殊性，不能透露

《女巫的季节》电影剧照

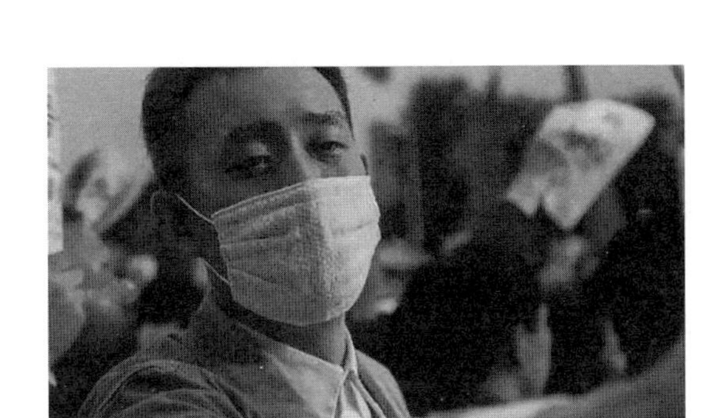

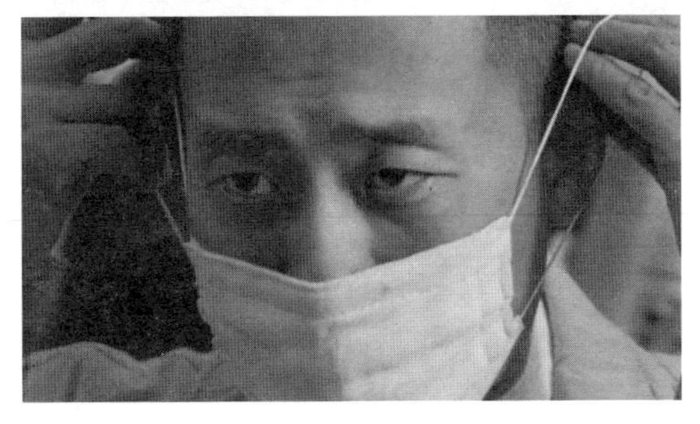

《我和我的祖国》电影剧照

自己的一切信息，所以口罩有时候也有防止自己被认出、隐匿身份的功能。在影片中，高远有把口罩摘下来的念头，但始终没有摘下口罩，其所有的情绪都用眼神传达，口罩对主人公情绪的表达起了重要的衬托作用。

特别要指出的是，欧美国家电影中的主人公总喜欢将自己的上半边脸遮住，更多的是用嘴巴去说，如蝙蝠侠、美国队长等形象。亚洲国家电影中的主角却常常用面罩挡住下半边脸，而用眼睛传达感情和情绪。这或许是东西方文化中的一处微小而又十分有趣的不同。

韩国在2013年上映过一部名为《流感》的影片。既然这部电影是以防控流感病毒为主题的，电影中塑造人物的形象必然离不开口罩。这部电影对佩戴口罩的形象给予特写镜头，即在染上流感的偷渡客从集装箱下车之时，口罩也随之掉落，流感病毒就藏在他们互相交流的过程中唾液形成的飞沫中，通过空气传播，造成人群大面积被感染甚至死亡。对口罩的特写镜头，正是传达了口罩在防止病毒传播中所起到的重要作用。这部电影也成为2020年疫情期间许多居家隔

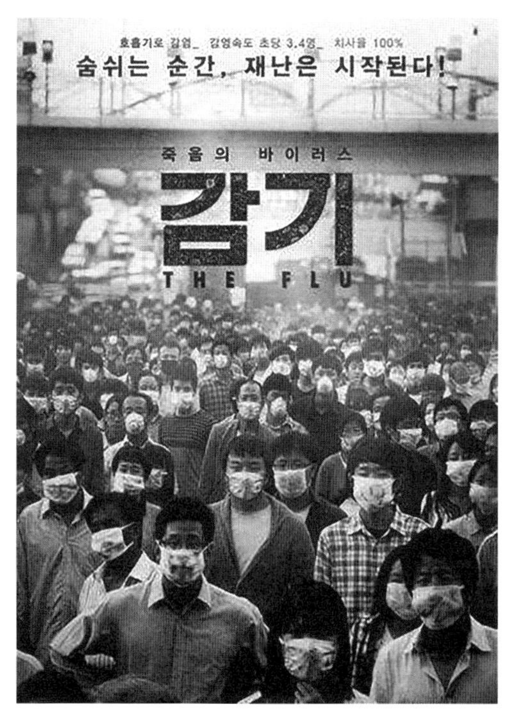

《流感》电影剧照

离的民众纷纷点播或重温的影视作品之一。

在中国，2017年曾播出过一部由郑晓龙、刘雪松执导，张嘉译、王珞丹、江珊、柯蓝等领衔主演的都市医疗题材剧《急诊科医生》。在这部电视剧中，张嘉译饰演的急诊科主任医生何建一在面对一种突发传染病时，精确地说出了“新型冠状病毒”的名字，而且剧情发展与2020年新冠肺炎爆发有许多相似之处，剧中医生强烈呼吁佩戴口罩抵御这种前所未有的严重传染病。许多中国网友无不感叹此剧真乃“神预言”。

在疫情爆发之后，从中央到地方迅速行动起来，拍摄了许多防疫宣传片或微视频，以此提高人们对疫情的关注和对佩戴口罩的重视。例如，浙江广电集团发布了一则《送口罩》的微视频，视频讲述的是一位患老年痴呆症的父亲不忘给身处疫情防控前线的儿子送口罩的故事。因为身患老年痴呆症，老父亲一遍遍地提醒儿子出门必须戴口罩，儿子同时也反复教父亲正确戴口罩。视频通过这一剧情提醒人们不仅要佩戴口罩，而且要掌握正确佩戴口罩的方法。与此同时，新华社发布了《小小的口罩　大大的中国》的文化宣传片，在视频中看到，口罩从生产到输送到每个人的手里，并不是只依靠一个人的力量，而是需要全国人民共同的力量才能实现。在该视频中有这么一句台词：“口罩就像是盾牌一样保护着城市。”确实如此，口罩虽然只有小小的一只，却凝聚了全中国人民的力量，保护着每一个中国人，保护着每一座城市，保护着我们的国家。

在2003年SARS（严重急性呼吸综合征）疫情之后，著名的文化学者朱大可发表过一篇文章《SARS 时代的口罩美学》，他在文章中对口罩的功能变化进行了描述，他认为，“口罩的功能发生了戏剧性变化，它从嘴的卫士转变为一种美学物品，一种用于脸部的装饰物，用以替代五官（鼻子、嘴唇和脸颊）的表情功能。各种面料、纹样、图绘和写有文化口号的口罩在街头浮现，完全超出白色纱布的限定。但这种新的美学还未来得及深入肺腑和遍及全身。它仅仅停留在人的嘴边，向世界递送着妩媚的微笑。”今天，我们似乎可以更加大胆地预测，随着传播媒介的多样化发展，口罩无论是在动漫作品中，还是影视作品中，都会成为作品创造中的重要元素。2020 年新冠疫情，也再一次引起人们对口罩的重视。口罩虽小，但始终带给我们的是一份最为简单也最为安心的保护。口罩已经深深地走进美学，在艺术审美上扮演着重要的角色，也必然会在未来的文艺创作中占据一席之地。艺术来源于生活而高于生活，“口罩文艺”必须通过对人们熟知的生活经历的再创造，或给人以启迪，或给人以震撼，或给人以思考，或给人以希望。

「第八章」

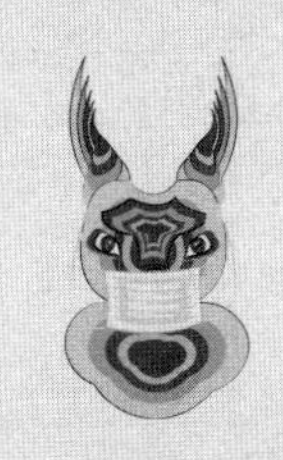

口罩里的东西方之争

欧美各国在应对新冠病毒疫情之初并未要求民众佩戴口罩。亚洲人因佩戴口罩，在西方国家经常遭到当地人的“侧目”甚至“歧视”。许多华人和留学生为了避免当地人对戴口罩的反感，只好在口罩外面裹一条围巾遮挡。显然，东西方民众对于佩戴口罩有着明显的认知差别。英国广播公司（BBC）在一篇名为《为什么有些国家戴口罩，有些国家不戴口罩》的文章中指出，在中国、日本、韩国、泰国等一些亚洲国家，民众佩戴口罩是随处可见的现象，而在英国、美国、澳大利亚等西方国家，即使在疫情快速蔓延期间，人们也不太爱戴口罩。社会过往经历和口罩效果争论是产生这一行为差异的重要影响因素。东亚人更“习惯”戴口罩与该地区经历过2003年SARS病毒袭扰有关，特别是中国及其香港特别行政区，许多人因SARS病毒感染而去世，当地民众对重大传染性疾病的危害性记忆犹新，也完全接受佩戴口罩这一防疫措施。此外，亚洲许多地区近年来由于空气污染问题，人们也习惯在户外佩戴口罩。诚然，关于非典病毒和雾霾天气的历史记忆是塑造亚洲民众认同佩戴口罩的重要原因，但是欧美国家自身的法律文化和价值理念在其中也扮演着十分重要的角色。

一、西方社会的口罩歧视

亚洲国家的民众在现代口罩出现之前，就已经有长期的使用绢布等“口罩类物品”防寒防尘的历史传统。2003年的SARS疫情席卷亚洲，特别是东亚地区的民众对佩戴口罩预防传染病的场景记忆犹新。在日常生活中，民众对口罩的认知和定位也已经摆脱了“身体有恙”的固定思维，从防护雾霾污染到遮掩面部瑕疵，从模仿明星穿搭到青年人潮流，各种类型各种功能的口罩被广泛用于日常生活的方方面面，人们对佩戴口罩具有比较鲜活正面的群体记忆。

反观西方社会，虽然现代口罩发轫于西方，且在西班牙大流感中被民众广泛佩戴，但这一场景已成尘封往事。西方国家民众没有在日常生活中使用口罩的传统和习俗。除了医院、病患和个别行业之外，人们没有佩戴口罩的实际需要。况且一百多年来，西方也未出现大规模的严重传染性疾病，民众对口罩的记忆较为陌生，更倾向于认为口罩是一种医学用品，只有生病、手术等特定场景下才戴口罩。

东西方在口罩上的文化差异也在新冠疫情应对中体现得极为明显。在2020年1月20日的央视《新闻1+1》节目中，钟南山院士面对主持人白岩松的采访郑重地表示：“现在可以说，肯定的，有人传人现象。”他指出疫情预防和控制最有效的办法是早发现、早诊断、早隔离，并特别指出：“目前没有特效药，戴口罩很重要。”1月22日，国家卫健委提出了四点个人卫生建议，其中就包含“一定要戴口罩，打喷嚏要用手绢或者纸捂住口鼻”，在卫健委印发的《公众科学戴口罩指引》中明确要求：处于人员密集场所以及在中、低风险地区，建议应随身备用口罩，在与其他人近距离接触（小于等于1米）时戴口罩；在高风险地区，建议戴一次性医用口罩。总之，从始至终，佩戴口罩都是政府部门和公共卫生专家给予公众的明确要求。此外，我国的香港和台湾地区以及日本、韩国等国家，也对佩戴口罩防止疫情传播有着极为肯定的态度。

与之形成鲜明对比的是，欧美国家的政府和医疗专家对佩戴口罩的不以为然。新冠病毒在中国大爆发之际，西方国家的政客们隔岸观火，指指点点、说三道四。对于是否佩戴口罩，这些国家却是统一口径式的回答：戴口罩对于新冠疫情防护并无实际作用，健康人不需要戴口罩。例如，在欧洲，2020年2月25日，意大利卫生部长斯佩兰萨的顾问沃尔特·里恰迪在新闻发布会上强调，虽然本国的疫情快速发展，但口罩依然只适用于保护病人和医护人员。意大利卫生部颁布的10条新冠防疫指南也提示，在没有呼吸道症状的情况下，一般人群“不需要戴口罩”。由于疫情进一步蔓延，2月29日法国卫生部长奥利维尔·维兰宣布取消全国5 000多人以上的室内聚会。同时，建议民众要勤洗手，保持社交距离。关于民众关心的口罩问题，维兰表示法国民众如果没有与患者接触或患病，就不需要戴口罩，并且为了把口罩留给真正需要的病患和医务人员，从即日起必须凭借医生开具的处方才能到药店购买口罩。

在美国，2月27日的众议院外交事务听证会上，美国疾病控制和预防中心主任罗伯特·雷德菲尔德表示“目前不推荐佩戴口罩来帮助预防新型冠状病毒”。同日，美疾控中心在其推特账号发文称，“疾控中心目前不推荐使用口罩来帮助预防新型冠状病毒。请采取日常预防措施，比如生病时待在家里，用肥皂和水洗手，以帮助减缓呼吸道疾病的传播。”两天之后，美国公共卫生局局长杰罗姆·亚当斯也发推文称，戴口罩不能阻止大众感染新冠肺炎。

总之，纵观西方诸国，从法国卫生部、德国卫生部、英国国民健康服务体系（NHS）到美国疾控中心等国家卫生主管部门几乎不约而同地对民众佩戴口罩防疫持否定态度——相比较戴口罩，普通民众还不如勤洗手来得有效。

除了官方对口罩的“否定”外，西方社会对疫情期间一些民众自发佩戴口罩的行为，也表现出了相当不友善不支持的态度。在欧美社会，“戴口罩等于生病了”这一观念可谓根深蒂固。只要身边有人佩戴口罩，就会引起周围一些人的不安。2020年2月26日，意大利力量党议员马特奥·奥索达因为戴口罩进入会场被质疑此举无用且会加剧恐慌。发言时，他生气地摘下口罩说：“疯了！疯了！我戴口罩并不妨碍任何人，我是在自我防御，因为免疫系统功能不好。”说罢怒摔话筒。3月3日，瑞士人民党女议员布劳赫出席联邦委员会会议时，因为坚持戴口罩参会而被议长驱逐出了议会大厅。根据议会的规定，人们觉得生病时才能戴口罩。如果没有疾病的症状，则不能在议会大厦内戴口罩，以免给公众发出错误信号。3月9日，德国《焦点》周刊刊登了一则新闻，德国著名机场免税店海涅曼的员工将自己的雇主告上法庭，诉讼理由是该雇主禁止员工在工作中佩戴口罩、手套等防护用品。由于欧洲疫情异常严重，免税店的员工为了保护自己而戴上口罩。雇主却担心员工们戴口罩会给顾客带来不安和恐慌，甚至吓跑许多顾客，影响店铺的生意。雇主于是对员工下达口罩禁令。

在北美，华裔是佩戴口罩的主要族裔，也遭遇了各种各样的"口罩歧视"。虽然长期定居在美国或加拿大，许多华人仍然保持了和国内民众相同的生活习惯和文化心理。当新冠疫情恶化以后，戴口罩是一种简单易行的防护措施，也是一种公民责任感的体现。然而，很多华人因为在地铁、剧院、超市、学校等公共场所佩戴口罩，受到周围人上下打量的异样目光，或是被严肃警告，或是被禁止入内，甚至是被一些极端分子公开辱骂和推搡。在西方民众眼里，戴口罩的人仿佛恶魔一样令人生厌。

二、"蒙面之恶"

客观而言，西方社会不青睐佩戴口罩的原因众多。首先，西方社会走了一条“先污染后治理”的发展道路，随着产业升级换代，污染企业外迁，西方各国生态环境有明显改善，空气污染现象几乎绝迹，人们日常生活中没有防尘防霾的困扰，口罩缺乏用武之地。其次，西方国家大多人口密度较低，且出行基本使用私家车，较少使用公共交通，所以甚少为了“预防感染他人”而戴口罩。再次，西方医疗卫生水平处于世界前列。民众在预防疾病或生病之后，拥有更为有效的药物和多样化的治疗方案供选择。较之佩戴口罩，接种疫苗和勤洗手才是欧美国家预防流感的主流做法。自西班牙大流感后，西方确实没有发生过比较大规模的瘟疫，民众对佩戴口罩预防传染性疾病的认识较为陌生。

更为重要的是，随着20世纪中后期各种各样的社会运动在欧美相继爆发，西方各国都制定了禁止民众蒙面的法律条文，将一切佩戴面罩、面具和口罩的抗议者视为违法。这种拒绝蒙面的法治文化也导致人们对蒙面者的警惕和不安。例如，美国纽约州从1845年就立法规定，禁止示威者在集会上蒙面或乔装（除非政府准许的派对或娱乐节目）。其原因也是因为该州曾发生一起农场的佃农用布遮住脑袋上街游行反抗农场主的事件，最后引发了严重暴乱。由于抗议者都是蒙着面，警方事后根本无法查处追责。因此，纽约州制定了一部《禁游荡法》，也就是世界上第一部《禁蒙面法》，违法者将面临的最高刑罚是监禁15天或罚款250美元。20世纪60年代，随着民权运动的兴起，美国又出现了鼓吹“白人至上”的三K党（Ku Klux Klan，K.K.K.），他们喜欢头上戴着尖尖的白色头套，只露出双眼，肆意欺凌黑人以及那些帮助黑人的白人与亚裔。历史上，三K党党徒们在头套的掩盖下，用私刑来处罚黑人，甚至直接吊死黑人，这被称为“秘密行刑”。正是出于对蒙面歹徒的忌惮，美国社会对于蒙面的示威和公共集会都极为抵触。

今天，美国有将近15个州禁止抗议者佩戴面具，任何违背这一法律的行为都会受到严惩。2019年，美国俄勒冈州波特兰市出现了这样场景。极右翼团体“骄傲男孩”与左翼团体“反法西斯行动”在波特兰市市中心举行游行集会，这两个团体因意见不合发生了暴力冲突。部分示威者佩戴着口罩，毫无顾忌地制造破坏。面对蒙面暴力示威，美国警察毫不留情，在全球媒体面前展示了他们的“铁腕”手段。在舆论上，美国民众对于这场蒙面暴力示威都表现出义愤填膺。很多人都支持警方的行动，认为示威者就不应该戴着口罩搞暴力破坏。波特兰市警察局局长丹尼尔·奥特洛指出，大多数人在佩戴面罩之后，更容易实施暴力或实施犯罪行为。禁止蒙面的立法可以有效地防止暴力。

在欧洲大陆，公共场合的蒙面行为也是一种禁忌。由于类似的蒙面者危害公共秩序的事件时常发生，各国相继颁布了禁止蒙面的法律法规，拒绝蒙面日渐成为一项具有共识性的法律约定和文化习俗。例如，德国的《联邦集会法》规定，民众在集会过程中，一律不得以任何种类的衣服或饰物遮盖容貌，借此隐藏身份。如果违反上述规定，可处监禁（最多两年监禁）或罚款。法国近年来连接发生了多起大规模的暴力抗议事件，许多暴力行为的背后都有蒙面者的身影。法国《禁蒙面法》的有关规定也不断跟进升级。目前，法国禁止在公共场所佩戴遮脸的头部装备，包括口罩、头盔、“波卡”（Burqa）和其他面纱等（特定情况除外）。任何通过暴力、威胁或滥用权力强迫他人戴面罩的行为将面临罚款3万欧元和一年监禁的严重处罚。在示威游行过程中，即使是佩戴围巾、头盔和潜水镜的人，如不能提供“正当理由”，也可能会被逮捕、拘留和起诉。此外，意大利、荷兰、丹麦、挪威、瑞典、西班牙、比利时、奥地利、保加利亚、俄罗斯等国也都通过立法严禁公民在公共活动中佩戴面具或使用其他各种方式来掩盖自己的身份。总之，欧美国家在长期应对社会运动和街头政治的过程中，形成了禁止公共场所佩戴口罩的社会文化。

蒙面的人群与“裸脸”的人们在行为上会产生何种差异？1969年，美国著名心理学家菲利普·津巴多进行了一项著名的心理学实验。他让一些女大学生对另外一些女大学生实施痛苦的电击。负责进行电击的女学生被分成两组，第一组全部穿上白大褂和佩戴面罩，只露出双眼，而且衣服上没有任何姓名标记，整个实验在较为昏暗的环境中进行。第二组则是生活化着装，而且每个人胸前佩戴写有姓名的名牌，整个实验在照明很好的房间展开。被电击者是由津巴多的助手假扮的女大学生，实际上她不会被真正电击，但当两组电击者摁下电钮时，女助手要假装异常难受并哭喊着求饶，目的是尽可能让电击者相信她们的行为正在给被电击者带来非常痛苦的折磨。实验的最终结果显示，佩戴面罩的女大学生比没有佩戴面罩的女大学生摁下电钮的次数多出将近1倍，并且每次摁下电钮的持续时间也更长。后来，津巴多又进行了另一项为“万圣夜”的心理实验。基本思路是让同一批小学生，分别在穿着万圣节化装服和脱掉化装服的情况下开展同样的游戏。实验结果再次证明，穿上化装服的孩子们玩攻击性游戏、进行相互推搡、出现大喊大叫等行为的时间比没有穿化装服的孩子大致要多出1倍，从42%提升到86%。无论是佩戴面具的女大学生，还是穿上化装服的孩子们，在成功伪装自己的真实面目和自我特征之后，仿佛不用担心为自己的行为去承担责任，不再受公序良俗的规范，更容易出现一些较为激进和不文明的举动，这一现象被称为“蒙面之恶”。

“蒙面之恶”其实符合西方文化对于人性的认知界定。在东西方文化比较中，关于人性善恶的讨论最为经典。西方文化深受宗教理念影响，明确认定人性本恶，即所有人都生来有罪，要用一生的时间来虔诚地忏悔和自我救赎。唯有笃信上帝，才能获得灵魂的拯救。这一观点概括为“原罪说”。在东方传统文化中，特别是以儒家为代表的思想理念里，人性本善是一种主流观点。《孟子·告子上》有云，“恻隐之心，人皆有之”“人性之善也，犹水之就下也。人无有不善，水无有不下。”在孟子看来，每个人都存有恻隐之心，这是不证自明的性善种子，他称为“善端”。宋代王应麟在《三字经》中将其总结为："人之初，性本善。性相近，习相远。"东西方关于人性本善还是本恶上的迥异看法，也深刻影响了中西方文化长期以来极其不同的法律制度和社会文化发展。

总之，"蒙面之恶"是西方社会反感佩戴口罩的文化因素。当戴上面罩或是口罩时，人实际上具有了身份的隐匿性，他人无法识别出其真实的面孔。我们也仿佛可以无视现实生活中的社会规范，不必承担社会责任和接受道德约束，获得了一种近乎绝对性的动物般的自由。换言之，人们在社会群体中一旦可以隐身——掩盖自己的姓名身份、抹去个性化特征，当他人无法辨识自己是何方神圣时，那么，人性中的动物性就容易冲破道德的约束，显现可怕丑陋的一面。为此，西方社会通过严格立法要限制这种在公众场合蒙面的行为举动。这种立法方式自然会影响社会公众对戴口罩的认知。久而久之，人们对戴口罩的人群自然形成了较为负面的刻板印象——戴口罩要么是身体有严重疾病，要么是恐怖分子式的捣乱者，要么是有暴力倾向的蒙面者。西方社会对戴口罩一事的反感与歧视，与当地法律文化以及社会习俗有着密切关联。

三、生命至上还是自由至上？

对于口罩的认识，东西方国家存在着客观的文化差异。在西方，口罩始终是与医疗卫生相关，佩戴口罩的人群无外乎医务工作者、病患者和病患照料者。戴口罩往往被视为一种“异类表现”，只有得了非常严重疾病的人才戴口罩，而普通居民在日常生活中很少佩戴甚至去购买口罩。在东方，特别是东亚地区，口罩变成了日常生活用品，如手套、围巾一般，是人们防寒保暖、防尘防霾的常备之物。许多人早已养成了出门佩戴口罩的习惯，这既是对自我的保护，也是为了保护别人。由此，东西方民众对于口罩的“刻板印象”区别甚大。西方人对戴口罩有一种莫名的恐惧，东方人则从戴口罩里寻求到一种安慰。

虽然西方国家是最早采取民众戴口罩方式以抵抗疫情的，但戴口罩的文化习惯在西方并没有得到维系和传承。自西班牙大流感后的百年来年间，美国和欧洲再没有大规模戴口罩的公众行为，故而西方民众对戴口罩的记忆较为陌生。即使在西班牙流感大爆发时，“MUST WEAR MASKS”在一些西方城市被写进了法律，但西方公众和医学界对于戴口罩无法形成共识，戴口罩是否能有效阻断疫情传播备受争议。很多医生也认为口罩是一种陷阱和欺骗，是一种错误的安全感，这种争议一直延续到2020年新冠病毒疫情。当疫情四处蔓延，死亡人数急剧攀升时，西方社会在万不得已之中呼吁社会民众佩戴口罩来保护自己、保护他人，并发布强制令要求民众通过戴口罩来遏制病毒传播。然而，这种强制令在西方社会遇到了空前的抵制和抗议。

众所周知，个人主义和自由主义是欧美文化的重要特质。欧美各国深受基督教文化的影响，像自由、平等、互爱、尊重个人这样的道德价值皆源自基督教信仰。尤其是“上帝面前人人平等”（In God, People is Equal）的理念深入人心，奠定了个人主义价值观和自由主义思想传统的文化基因。从国家-社会关系来看，西方强调民间社会与国家权力之间的冲突与制衡关系，主张个人和社会是有效地对抗“必要的邪恶”的国家的重要机制。西方人喜欢凸显个人主义精神，公共领域和私人领域要区分清楚。特别是私人领域，那是“风能进，雨能进，国王不能进”的范畴。个人有权决定一切私人事务，政府无法也无权多加干涉。在疫情之下，是否佩戴口罩被演变成了属于个人的私事，自由文化与个人主义精神在这种情况下，带来的后果是十分可怕的。

对于欧美国家而言，“个人至上”“自由至上”的价值理念深深植入了其文化内核。这一文化传统对西方近代工业化发展和科学技术进步发挥了巨大的推动作用。然而，在新冠病毒大蔓延的情况下，这一文化特质也具有一定的消极影响。从佩戴口罩到居家隔离，人们总是怀疑甚至质疑政府出台的各种防疫措施，特别是强制要求戴口罩，很多人将其与侵犯人权和个人自由等同起来。丹麦的女首相弗雷德里克公开表示，让民众戴口罩是侵犯了人们自由的权利的表现，丹麦政府不会去做这种违反人权、违背自由精神的事。虽然各国政府纷纷采取封锁、居家隔离等防疫举措，然而西方民众却在街头掀起一场又一场的聚集抗议，质疑政府扩权侵犯民众作为公民的自由权。例如，2020年4月15日，美国密歇根州数千民众因不满州长发布的延长居家令，聚集在州议会大厦前抗议。这项街头抗议活动也被抗议者命名为“堵塞大行动”，抗议者的口号五花八门，但也不外乎是关于捍卫个人自由的内容，如“我们的自由被剥夺了”“没有了自由什么都没有了”“没有自由的安全叫监狱”，等等。参加这场抗议的有近4 000多人，整体秩序总体还算是平和顺利，甚至许多参与者一起唱歌或有节奏地喊口号。然而，令人无比遗憾的是，在这样疫情肆虐的当口，如此大规模的人员聚集，几乎没有什么人佩戴口罩。

与之形成鲜明对比的是深受儒家思想影响的东亚社会。从文化传统来看，中国尊崇以孔孟为代表的儒家文化，崇尚“仁、义、礼、智、信”的理想人格，“修身齐家治国平天下”的价值追求以及中庸之道的思维方式。尤其是在国家-社会关系上，儒家文化传统主张“家国同构”的文化体系，即家庭、家族与国家在组织结构上存在共通性与同质性，家庭和国家的权力配置方式都是严格的父系家长制；更为重要的是，“家”和“国”并非相互制衡和相互冲突的权力主体，而是基于上下有序、内外有别的基本伦理而维系的，中国的家庭、家族、家族共同体再放大，就是国家。因为在中国的文化观念里，国就是放大的家，家就是缩小的国，二者之间没有必然的张力。一个深受主张“家国一体”的儒家文化影响的国家或地域，在面对重大危机时更容易形成自上而下的动员和自下而上的配合。这一点不仅体现在中国民众对于佩戴口罩的主动性和服从性上，更体现在几乎所有的国民都严格执行了居家隔离政策，真可谓全民宅家闷死病毒。这种巨大的国家社会协同性是西方国家难以想象的，也是难以模仿抄袭的。这就是文化的差异。这就是文化的力量。

此外，在西方社交习俗中，与陌生人微笑、搭讪和交流，是一种自然而然的习惯与礼仪。戴口罩则传达了与这一社会礼仪相反的信息，戴口罩者被视为发出对社会的冷漠，拒人于千里之外的隐性暗示，所以也遭到民众的强烈抗拒。对于许多亚洲国家而言，人们更习惯在熟人社会中展现自我，而面对不确定性高和流动性强的现代社会，往往采取的态度是“不要和陌生人说话”。在日常生活中，佩戴口罩具有保持社交距离的作用。社交礼仪是长期形成的人与人之间交往的传统风尚，不同地区之间常天壤之别，而且很难改变。

欧美国家的社交文化可以称为“外显情绪型文化”。西方人喜欢面对面的社交，普遍对眼神交流、脸部表情持肯定态度，在人与人碰面时常行贴面礼、吻手礼。在英国工作的日本秀明大学（Shumei University）社会学教授堀井光敏（Mitsutoshi Horii）说，在他工作的英国校区，校方明确建议他们在当地学校授课时不要戴口罩。“如果戴口罩，当地孩子可能会感到害怕。”在西方社会，除了医护人员戴口罩把脸遮起来，人们在日常社交中应当将整张脸露出以示尊重。用口罩等面部遮挡物把脸遮挡起来会屏蔽人与人之间的正常交流，就像德国总理默克尔致德国民众讲话时说到的：“也许这才是最艰辛的一点，我们所有人非常想念那些在正常生活中本来是自然而然的碰面。”新冠疫情爆发后，意大利时尚公司迪恩皮（Dienpi）甚至研发了一款透明医用口罩，让人民在佩戴口罩抵抗疫情的同时方便在日常交往中看到彼此的面部表情。总之，戴口罩不符合西方人日常生活中的社交文化礼仪。

与西方不同，东方社会形成了一种“潜藏情绪型文化”。人与人之间交往没有贴面礼、吻手礼等较为外放的情绪展示，甚至在交谈中也会回避彼此眼神的碰触。特别是在儒家文化中，直接盯着长者或尊者的眼睛看是一种不礼貌的表现，而且可能会被视为对他人的挑衅。例如，在中国许多的封建王朝，大臣觐见皇帝时要携带笏这一礼仪用具，以避免直视皇帝。

相较西方社会，亚洲国家（特别是东亚国家）的社交礼仪极力避免眼神交流和外放的情绪表达。对于社会民众而言，戴口罩不仅不会有碍彼此日常交往，反而可以很好地隐藏情绪和控制表情，营造出一种安全感。在以陌生人为主的社交场合，反而是一种具有防护性心理意义的行为。同时，近年来许多东方女性对自己的外表更加关注，皮肤护理和妆容修饰是热门话题，她们总想以自己最亮丽的形象出现在工作或社交场合。在日常生活中，戴口罩是她们用来掩饰素颜或遮盖脸上瑕疵的重要方法。特别是许多年轻的职场女士，为了不让人们看见自己没有化妆的脸，习惯性地选择佩戴口罩以掩饰自己。总之，东方社会民众对口罩的接受度比较高，在一定程度上与该地区隐藏型情绪文化具有重要的关联。

由此，东西方民众对于戴口罩的态度迥异，背后可以归结到其价值理念和社交礼仪的差异，尤其是在社会日常交往中社会成员掩盖面部所带来的各种心理感知和社会认知。

除此之外，许多亚洲国家近年来伴随着经济迅猛增长，的确先后遭遇了花粉症（hay fever，又称过敏性鼻炎）、雾霾、PM2.5过高、河流污染等环境问题。佩戴口罩是普通民众保护自己和家人身体健康的应然之举。据悉，花粉症目前已经成为日本的一种“全国性疾病”，且花粉病患者人数逐年增加，根据2006年针对京都东部的调查，花粉病患病率从1996年度总人口的19.4%上升到28.2%，据估计，每3.5人中就有1人患有花粉症。韩国、中国、越南、印度等国在经济快速发展的同时也先后遭遇了PM2.5爆表的雾霾天气，引发社会舆论和普通民众的高度关注。N95、N90、KN95等高防护等级的口罩也早已成为民众居家必备之物。加之口罩逐渐演变成一种时尚单品，许多亚洲国家（特别是中日韩所在的东亚）明星们出现也必然要佩戴口罩，引领了一股时尚潮流。青年人也喜欢将口罩视为一种扮酷耍帅的重要道具。

总之，东西方民众在对待佩戴口罩的态度上可以看出文化因素的深深烙印。坦率而言，东西方的文化差异是客观存在的。以画作为例，西方社会的油画对人的五官、形体等力求还原，即使是有众多人物也会照顾到每个人的神态表情；而中国古代社会擅作山水画，对于人物的勾勒寥寥几笔，重在一种意境的营造。这两者并无高低之分，都是人类社会的文化瑰宝。然而，文化差异会真实地影响个人与国家、个人与社会的关系样式。西方社会是个人主义的，非常注重和强调人人自由和自我表达。如果“强制/建议”戴口罩，西方人会认为是对个人自由的限制和权利的侵犯。即使在疫情防控这类需要社会民众全体配合的行动中，西方民众高度戒备政府是否过度干预了私人领域，更不会认同以保存集体利益的名义来让渡甚至牺牲个人自由和权利。在以中国为代表的亚洲社会，民众有较强的“群体意识”和“规矩意识”，比较信任和支持政府。在危机面前，个人执行国家倡议规定和纪律的自觉性较强。因此，佩戴口罩防控疫情的要求是完全可以被民众接受的。对亚洲许多国家和地区的民众而言，这不仅是保护自己，也是对周围人的负责，而且体现出一种集体主义价值观，任何人若拒绝在公众场合戴口罩，会遭到他人的刻意避开，甚至是公开的谴责。

新加坡“国父”李光耀和马来西亚总理马哈蒂尔曾一起提出过“亚洲价值观”的主张。20世纪七八十年代，亚洲出现了“四小龙”（中国香港和台湾地区、新加坡和韩国）的经济发展奇迹，引发关于亚洲共有价值观的思考与讨论。李光耀和马哈蒂尔共同主张，亚洲地区的国家虽然在历史、文化、语言及制度上存在差别，但较西方国家，在历史境遇、传统理念和文明理念上存在共同之处。例如，亚洲国家的民众更加认同国家角色、集体价值、家庭本位、和谐共生等理念。在面临危难之时，国民更加愿意以维护集体利益和国家利益为重，积极配合国家的号召和决策，并且暂时收敛个性化需求和让渡个人权利空间，不给国家和社会造成额外负担，这无疑是集体主义文化的优势。

东西方关于戴不戴口罩的争议，可以有多种角度的阐释与解读。然而，各种维度的分析其实会交汇在同一个问题上——“人的自由和生命哪个更重要?”西方社会许多人认为自由高于生命，自由比生命重要。他们喜欢用匈牙利诗人裴多菲1847年创作的一首短诗《自由与爱情》来加以佐证——“生命诚可贵，爱情价更高。若为自由故，二者皆可抛。”佩戴口罩、居家隔离、社交距离等要求都妨碍了个人自由，侵犯了所谓的人权，“没有自由的安全，就是坐牢!”西方民众用这样一句口号给出了他们自己的选择。当然，西方社会也并非铁板一块，自由也包括了表达的自由。纽约时报记者麦克尼尔在这个问题上也说得很直接:“我们珍视生命、自由与幸福，但如果没有生命，何谈追求自由与幸福?”这恰是中国古人所言的，“皮之不存，毛将焉附?”在灾难面前，没有什么比挽救生命更重要的，生命权才是最大的人权，拥有健康才能拥有包括自由在内的一切。

当然，文化不是一成不变的，而是随着人类社会发展而不断演变。2020年的新冠病毒可谓百年未有之大瘟疫，面对疫情蔓延的严重后果，西方社会和民众已经开始各种各样的反思。现在，许多欧美人已经自觉主动地佩戴起口罩。或许，经此一“疫”，西方社会关于口罩的文化观念，乃至整个社会的价值理念将会有新的变化与发展。

「结语」

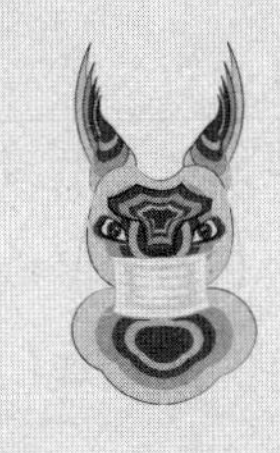
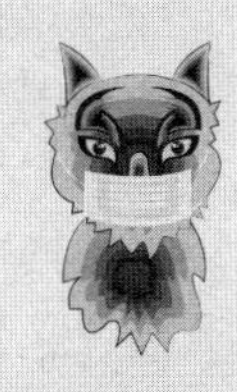
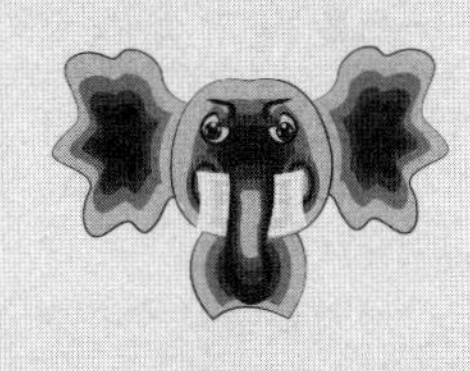

口罩与人类命运共同体

加拿大学者马歇尔·麦克卢汉（Marshall Mcluhan）于20世纪60年代首次提出“地球村”（global village）的概念。这一术语精准地描述了当时广播和电视通信的非凡传播能力，大大提升了人们在全球范围内相互了解、相互联系的水平。这种趋势持续演进，并随着新兴通信技术的发展更加鲜明。然而，地球村虽然拉近了不同国家、不同民族、不同文化的人们之间的互动距离，但并不会自然而然地促成一种全世界人们所认同的共同体意识和全球凝聚力，甚至有学者以“文明冲突论”来悲观地看待不同文明之间互动交流的最终结局。在21世纪的今天，面对各种前所未有的危机挑战，人类应该彻底摒弃零和游戏的对立对抗思维，合作共赢才是我们唯一的出路。2020年这场全球战疫，深刻地诠释了这样一个朴素的道理：无论白皮肤、黑皮肤还是黄皮肤，不分何种国家和民族，当每一个人佩戴起口罩共同对抗新冠病毒的时候，人类难道不是一个休戚与共的命运共同体吗？当然，这场全球战疫的过程也再次提醒我们，要真正构建全球人类命运共同体，仍任重而道远，我们仍须努力。

一、一荣俱荣，一损俱损

过去几十年，全球化进程让世界各国更加紧密地联系在一起，“蝴蝶效应”更加凸显和频现。全球化分工精细，供应链环环相扣，建构起全球贸易、物流等领域的严密体系。然而，一旦某一环节断供，即使是一些非常微小的零件断供，整个供应链和生产链也会随之瘫痪，这一点在新冠疫情中格外显眼。为了应对疫情，武汉市被迫“封城”，湖北省也不得不按下了暂停键。这一变化给全球汽车产业带了严重危机。湖北省拥有1.2万家汽车零部件企业，几乎所有全球知名汽车制造商都仰仗湖北省生产的零部件供给。当湖北省的这些企业停工停产，大众、宝马、日产、现代等跨国车企由于备货存货不足，也纷纷出现了停产危机。与此类似，作为全球最大的原料药生产国，中国在全球药品生产中占主导地位，被称为“世界药厂”。美国市场上97%的抗生素来自中国，印度药品中所需的原料有70%是从中国进口，欧洲众多制药企业也高度依赖中国原料。由于采取了最严格的隔离措施，作为世界药厂的中国“水龙头”停水，全世界转瞬间就面临“无药可救”的尴尬。

进入21世纪后，伴随着互联网技术和移动通信技术迅猛发展，全球化趋势更加势不可挡。一方面，全球合作和融合在经济、政治、文化、社会等领域全面展开，世界经贸往来频繁，全球治理稳中有序，多元文化交流互鉴。人类社会从未如此紧密相连，你中有我，我中有你。另一方面，人类社会面临许许多多共同的挑战，从世界经济增长动能不足到贫富分化日益严重，从恐怖主义、宗教极端主义依然猖狂到网络安全、重大传染性疾病、气候变化等依然严峻，各种传统安全和非传统安全问题不断带来新的考验。这些问题根本无法仅依靠一个或几个国家的力量就可以解决，而必须借助世界各国的密切合作、共同发力。

更为紧要的是，各种全球性的风险层出不穷，重大危机时常犹如多米诺骨牌般传导联动。一个国家打喷嚏，世界其他地方可能就会得感冒。危机传递和风险联动是当今世界任何一个国家都不得不面对的国际现实。联合国秘书长安东尼奥·古特雷斯将2020年新冠疫情称为前所未见的全球健康危机，是一次对整个人类社会的冲击。重大传染性疾病对人类的威胁不可低估，我们从人类的瘟疫史中可以找到无数的证据。由于今天的人类正以史无前例的各种方式密切关联在一起，这也导致了传染性疾病（尤其是人类未曾遇到过的新型病毒）的传播速度、传染范围、波及群体更加超出人们的想象。面对疫情的凶猛冲击，没有哪个人或哪个国家是一座孤岛，任何一个国家都无法独善其身，必须摒弃相互指摘、种族歧视、甩锅他国等错误思维。我们必须认清病毒才是人类共同的敌人，树立全球合作共同抗疫的大局观。

许多世界政要对全球抗疫的成败有着清晰而深刻的认识。新加坡总理李显龙呼吁，虽然各国的基本国情、资源配置和社会文化不同，但在新冠病毒强敌压境之下，各国面临的危机是相同的，敌人是一致的，因而必须紧密合作、共享经验、共克时艰，因为“这是人类能够控制这次疫情大流行的唯一途径”。土耳其总统埃尔多安也认为：“抗击新冠肺炎疫情是人类正在面临的共同战争。”美国前国务卿亨利·基辛格指出，没有一个国家，可以凭一己之力战胜病毒，“应对当前问题的方法，最终必须要与全球合作的愿景和计划相结合。如果不能同时做到这两点，我们将面临最坏的结果”。知名中国问题专家、美国库恩基金会主席罗伯特·库恩更是一针见血地指出，“各国要么战胜病毒，共同胜利；要么互相攻讦，一起失败”。道理是显而易见的，但总是有人不愿意遵从。

在全球疫情大爆发之时，美国政府却开始了一场“手撕小弟”的奇葩操作。由于前期轻视疫情，美国政府根本没有及时准备充足的医用防护口罩。当国内口罩严重紧缺时，特朗普竟命令明尼苏达州的医疗装备制造商3M公司停止向加拿大和拉丁美洲出口防护口罩。这些口罩是这些国家早先通过合法方式正大光明从企业采购而来，也是为了缓解自己国内抗疫燃眉之急所用。作为美国多年的老邻居和亲密盟友，加拿大尤其对美国的这一做法相当不满。加拿大安大略省省长道格·福特在新闻发布会上对媒体表示 :“我实在太失望了。重大危机面前，美国却切断了最亲密盟友的物资供给。我们关系是那么要好，简直无法接受。”在重大疫情面前，优先保证本国的利益，看上去似乎无可厚非，但半途“截和”扣留他国合法途径订购的口罩，这种“雁过拔毛”的奇特景象实在是与“强盗”行为无异。国与国之间的信任可能需要花几十年的时间才能够建立，但是摧毁这种信任只需要一瞬间。令人惊愕的是，美国政府不仅截留了加拿大订购的口罩，还相当不地道地扣押了本应运往德国、法国、荷兰等国家的口罩，真可谓是毫不顾忌他国民众的感受和感情。美国这种毫无底线的举动引发了许多国家的强烈不满和严重抗议。世界卫生组织总干事谭德塞对美国带来的这些“负能量”数次表示严重关切，并不断强调一旦“国家和国际社会出现裂痕，病毒就会得逞”。

当今世界面临百年未有之大变局。没有哪个国家能够独自应对人类面临的各种危机挑战，也没有哪个国家能够退回到自我封闭的孤岛状态。全球疫情瞬息万变，病毒四处蔓延。如今，全球除了南极大陆以外，其他六大洲已经宣告失守。病毒不分国籍，传播不分国界，疫情不分种族。一味地“各人自扫门前雪，哪管他人瓦上霜”的狭隘冷漠或幸灾乐祸，最后一定会反受其累、殃及自己。人类已经形成了命运息息相关的共同体，一荣俱荣，一损俱损。与疫情较量，人类最强大的武器是守望相助、精诚合作、共克时艰。

二、中国方案，世界共享

新冠肺炎疫情，是中华人民共和国成立以来遭遇的传播速度最快、感染范围最广、防控难度最大的公共卫生事件。虽然中国交出了令人赞叹的防疫答卷，但在全球疫情没有得到有效控制之前，依然要时刻紧绷防疫这根弦。上海市新冠肺炎医疗救治专家组组长张文宏曾有一个非常形象的比喻：全球抗疫就像团队赛跑，关键不是谁跑得最快，而是整个团队的平均成绩。跑得最慢的那几个更值得密切关注。同理，全球防疫的胜利其实取决于防疫控制不佳的国家如何取得最后胜利，而不是应对最好的那些国家。只要世界上还有一个国家没有控制好疫情，那么人类就难言获胜。国际社会要尽力帮助那些医疗能力不足的国家，一起做好防护，抗击疫情，彻底将病毒在全世界范围内消灭。除非人类能够成功研制出疫苗，否则新冠病毒在理论上存在随时向全球蔓延的可能性，并形成一波又一波的抗疫持久战。这是我们所有人都不希望看到的局面，因此，全世界应该团结一致，并肩作战，攻坚克难。

2020年3月26日，二十国集团（G20）领导人特别峰会以视频会议方式召开。这次特别峰会是专门针对新冠疫情而召开的，旨在推动全球协调应对新冠肺炎疫情及其对经济和社会的影响。与会各方除了二十国集团国家的领导人，西班牙、约旦、新加坡和瑞士等国领导人也受邀出席。此外，联合国、世界卫生组织、世界银行、国际货币基金组织等国际组织的领导人，东南亚国家联盟、非洲联盟、海湾阿拉伯国家合作委员会、非洲发展新伙伴计划等区域组织的代表也全部受邀出席了本次峰会。这次峰会是二十国集团历史上第一次用视频连线方式召开的会议，具有重大的划时代意义。特别峰会向全世界发表了共同宣言，特别强调前所未有的新冠肺炎大流行，深刻地表明了全球的紧密联系及脆弱性。病毒无国界，各国需要本着团结的精神，采取透明、有力、协调、大规模、基于科学的全球行动以抗击疫情，并着手建立统一战线应对这一共同威胁。

在这次疫情的全球大战中，中国为了战胜病毒，果断地采取了“壮士断腕”的方式，坚决遏制了疫情蔓延态势，以自己的巨大牺牲为世界抗疫争取了时间。特别是中国以前所未有的速度甄别出病原体，并在第一时间向世界卫生组织通报疫情，及时向全球共享了新冠病毒全基因序列信息，使得许多国家能够快速诊断和判定新冠肺炎患者。当疫情在全球大爆发，中国全力以赴地向世界各国提供各种物资援助、派遣医务工作组、分享抗疫经验等。这既是中国人一贯的作为与担当，也展现了一个负责任大国用切实行动推动构建人类命运共同体的使命担当。

人类命运共同体（A Community of Shared Future for Mankind）这一概念，于2013 年由中国在俄罗斯莫斯科国际关系学院首次向世界提出。这一倡议旨在呼吁国际社会树立“你中有我、我中有你”的命运共同体意识。随后，2015年9月，习近平主席在联合国总部发表题为《携手构建合作共赢新伙伴　同心打造人类命运共同体》的讲话，进一步详细阐释“人类命运共同体”理念的核心内涵，明确指出要“构建以合作共赢为核心的新型国际关系，打造人类命运共同体”，致力于建设一个持久和平、普遍安全、共同繁荣、开放包容、清洁美丽的世界。这是中国人为21世纪人类社会发展以及解决全球治理难题所提出的中国方案，强调各国在追求本国利益时要兼顾他国的合理利益，在谋求本国发展中促进各国共同发展，最终实现共赢共享。构建人类命运共同体的中国方案一经提出，就引发了世界各国及联合国的广泛关注，并且已经被多次写入了联合国各种文件之中。这也充分展现了这一倡议在不确定的世界格局下强大的领导力、感召力和影响力。

危机是考验，也是机遇。全球疫情爆发的严峻局面，正是中国积极实践命运共同体价值观的重要历史契机和关键时刻。要将构建人类命运共同体由倡议转变为共识，由理念转化为行动，就需要展现中国的行动力，以身示范。我们是这样说的，也的确是这么做的。例如，尽管美国政府对中国各种抹黑和无端指责，中国政府和民众对此强烈不满。但是，当美国迫切地向中国求购口罩之时，中国各界以德报怨，救人为先，给予美方极大的支援。据外交部发言人华春莹在推特上发文介绍，截至2020年4月20日，中国通过各种方式各种渠道已向美国提供了逾24.6亿个口罩，这意味着每个美国人可分到7个口罩。此外，中国还向美国提供了近5 000台呼吸机和很多其他设备。对此，华春莹的解释简单而朴实，“希望这能拯救更多生命”。

2020年6月7日，中国政府发布了《抗击新冠肺炎疫情的中国行动》白皮书。这一白皮书约3.7万字，真实地记录和全面展现了中国抗疫的艰辛历程，并毫无保留地分享了中国在应对新冠病毒肺炎疫情的经验教训，堪称一本中国版抗疫指南。在这本白皮书中，“人类命运共同体”是一个高频词汇，“疫情验证了人类命运共同体理念超前”，而该白皮书更是对践行人类命运共同体理念的生动诠释。在白皮书的结尾处，构建人类命运共同体的理念再次被重点强调：

中华民族历经磨难，但从未被压垮过，而是愈挫愈勇，不断在磨难中成长、从磨难中奋起。面对疫情，中国人民万众一心、众志成城，取得了抗击疫情重大战略成果。中国始终同各国紧紧站在一起，休戚与共，并肩战斗。

2020年6月，新冠病毒仍在全球传播蔓延，国际社会将会面对更加严峻的困难和挑战。全球疫情防控战，已经成为维护全球公共卫生安全之战、维护人类健康福祉之战、维护世界繁荣发展之战、维护国际道义良知之战，事关人类前途命运。人类唯有战而胜之，别无他路。国际社会要坚定信心，团结合作。团结就是力量，胜利一定属于全人类！

新冠肺炎疫情深刻影响人类发展进程，但人们对美好生活的向往和追求没有改变，和平发展、合作共赢的历史车轮依然滚滚向前。阳光总在风雨后。全世界人民心怀希望和梦想，秉持人类命运共同体理念，目标一致、团结前行，就一定能够战胜各种困难和挑战，建设更加繁荣美好的世界。

三、山川异域，风月同天

世界潮流浩浩荡荡，人类社会正以前所未有的紧密方式联系在一起。世界多极化、经济全球化、社会信息化、文化多样化的趋势不会改变。“人类只有一个地球，各国共处一个世界”。2020年新冠肺炎全球大流行，用一种近乎惨烈的方式再次证明，世界已是一个“你中有我、我中有你”命运休戚相关的共同体。今天凶猛的疫情，明天未知的危机，没有任何国家可以独善其身、作壁上观，各国共处在一个大家庭中，需要共同守护人类家园。

恩格斯说:“没有哪一次巨大的历史灾难，不是以历史的进步为补偿的”。2020年的新冠疫情是一场人类共同面临的没有硝烟的战争。口罩既是人类应对这场战争的重要武器，也是人类社会共有的集体记忆中的新成员。随着新冠病毒席卷全球，人们的工作方式、生活方式和社交习俗已经发生了重要变化，其中一个明显转变就是人们意识到佩戴口罩的重要性。有人戴口罩并不意味着身体有恙，戴口罩不代表生病，相反，口罩将成为文明社会的象征，将是人类命运共同体的重要文化符号。

人类命运共同体是一个历史和现实交汇的统一时空，在疫情面前显得更为突出和实在。当人类作为一个整体面对新冠病毒时，地不分东西南北，国不分强弱富贫，人不分种族民族。佩戴口罩成为我们保护自己、保护他人、战胜病毒的共同选择。英国社会学家彼得·贝尔（Peter Baehr）关于2003年抗击SARS的一段话同样适用于今天:“口罩文化促生了一种休戚与共、同担共责的感觉。”当我们戴起口罩，虽然每个人的面容特征和身份标识被隐藏了，但大家共同抗击疫情的社会责任感和集体身份感也被凸显，齐心协力团结抗击疫情的集体意识和团队力量将被唤醒。一只小小的口罩，能够将危机来临时人们心中的恐慌转化为平静，让日常生活维持基本的秩序与节奏，让所有焦虑和不安转化成战胜危机的勇气与信心。正如英国医学人类学家克里斯托·林特瑞斯所言，“将戴口罩放入历史与文化背景中去考察，你就会明白，在像中国这样的国家，它的意义远大于简单的个人感染防护。口罩是现代医学的标志，也是人们相互给予信心的方式。”总之，口罩不仅是我们生活中的必需品，对于中国、对于全世界的文化意义也将更加深远。

2008年北京奥运会的主题曲《我和你》，曾有这样一段歌词令人记忆犹新：“You and me from one world，we are family（你和我，来自同一个世界，我们是一家人）”。在全球抗疫的2020年，这段歌词更加让人感触颇深。正如现实中的每个家庭，家庭成员都有各自鲜明的个性与利益诉求，有时也难免出现口角，但在危难面前所有人都会放下分歧、共担风雨、不离不弃。世界各国身处国际大家庭中，面对疫情之时，更加不能让争吵耗损我们抗击病毒的精力与能力。“山川异域，风月同天。”时至今日，构建人类命运共同体的必要性和紧迫性更加凸显，人类需要安危与共、荣损相依、合作共赢、权责共担的共同体意识和文化自觉。“后新冠时代”，不是一种文明对抗另一种文明，也不是一种文明取代另一种文明，而是文明互鉴共生、人类命运与共的新时代。或许，小小的口罩将是这一切的见证者。

参考文献

典　籍

[1] 姚春鹏（译注）.黄帝内经［M］.北京：中华书局，2016.

[2] 张瑞贤，张卫，刘更生（编）.神农本草经译释［M］.上海：上海科学技术出版社，2017.

[3] 方韬（注）.山海经［M］.北京：中华书局，2011.

[4] 黄寿祺，张善文（译）.周易译注［M］.上海：古籍出版社，2019.

[5] 徐正英，常佩雨（译）.周礼［M］.北京：中华书局，2014.

[6] 胡平生，张萌（译）.礼记［M］.北京：中华书局，2017.

[7] 陆玖（译）.吕氏春秋［M］.北京：中华书局，2011.

[8] 方勇（译）.孟子［M］.北京：中华书局，2017.

[9] 张永雷，刘丛（译）.汉书［M］.北京：中华书局，2016.

[10]［西汉］刘歆（著），［东晋］葛洪（编）.西京杂记［M］.北京：中国书店出版社，2019.

[11]［东汉］张仲景，钱超尘，等.伤寒论［M］.北京：人民卫生出版社，2005.

[12]［东汉］郑玄（注），［唐］贾公彦疏.仪礼注疏［M］.上海：上海古籍出版社，2009.

[13]［东晋］葛洪（编）.肘后备急方［M］.广州：广东科技出版社，2016.

[14] [明] 谈迁.北游录 [M].北京：中华书局，1960.
[15] [清] 吴振棫.养吉斋丛录 [M].北京：中华书局，2005.
[16] [清] 曹雪芹.红楼梦 [M].北京：人民文学出版社，2008.

论 著

[1] 孙鼎国.西方文化百科 [M].长春：吉林人民出版社，1991.
[2] 王玉德，邓儒伯，姚伟钧，等.中国传统文化新编 [M].武汉：华中理工大学出版社，1996.
[3] 自然之友，彭俐俐.20世纪环境警示录 [M].北京：华夏出版社，2001.
[4] 张岱年，方可立.中国文化概论 [M].北京：北京师范大学出版社，2004.
[5] 蒋晓萍.跨文化化：全球化环境下的文化生态 [M].广州：广东人民出版社，2006.
[6] 张志斌.中国古代疫病流行年表 [M].福州：福建科技出版社，2009.
[7] 王溱.如新旧事 [M].青岛：青岛出版社，2013.
[8] 覃雅芬，李凤辉，易利纯，等.抗击雾霾话健康 [M].广州：世界图书出版公司，2015.
[9] 杨建峰.细说趣说万事万物由来 [M].西安：西安电子科技大学出版社，2015.
[10] 方石英.运河里的月亮 [M].北京：中国青年出版社，2016.
[11] 毛曰威.毛曰威诗集 [M].长春：吉林人民出版社，2017.

[12] 伊沙.世界的歌声　长安新诗典[M].西安：太白文艺出版社，2017.

[13] 张岳，熊花，常棣.文化学概论[M].北京：知识产权出版社，2018.

[14] 庄贵阳.京津冀雾霾的协同治理与机制创新[M].北京：中国社会科学出版社，2018.

[15] [美]莱斯利·怀特.文化的科学——人类文明研究[M].沈原，等，译.济南：山东人民出版社，1998.

[16] [英]阿雷恩·鲍尔德温.文化研究导论[M].陶东风，等，译.北京：高等教育出版社，2004.

[17] [美]奇普·雅各布斯.洛杉矶雾霾启示录[M].曹军骥，等，译.上海：上海科技出版社，2014.

[18] [美]贾雷德·戴蒙德.枪炮、病菌与钢铁：人类社会的命运[M].上海：上海译文出版社，2016.

[19] [英]克里斯蒂娜·科顿.伦敦雾：一部演变史[M].张春晓，译.北京：中信出版社，2017.

[20] [古罗马]普林尼.自然史[M].李铁匠，译.上海：三联书店，2018.

[21] [英]狄更斯.荒凉山庄[M].黄邦杰，等，译.上海：上海译文出版社，2019.

[22] [法]色伽兰，郭鲁柏.马可·波罗行纪[M].冯承钧，译.上海：上海古籍出版社，2020.

[23] [日]堀井光俊.マスクと日本人[M].[S.l.]：秀明出版会，2012.

[24] [日] 加藤茂孝.人類と感染症の歴史—未知なる恐怖を超えて— [M].東京：丸善出版会，2013.

[25] [日] 坂部恵.仮面の解釈学 [M].東京：東京大学出版会，1992.

[26] [日] 佐々木重洋.仮面パフォーマンスの人類学：アフリカ、豹の森の仮面文化と近代 [M]. [S.l.]：世界思想社，2000.

[27] KILLINGRAY David，HUMPHREYS M. The Spanish Influenza Pandemic of 1918–1919: New Perspectives [M]. London: Howard Phillips, Routledge, 2003.

[28] CROSBY Alfred W. America's Forgotten Pandemic: The Influenza of 1918 [M]. Cambridge: Cambridge University Press, 2003.

[29] Institute of Medicine, Board on Global Health, Forum on Microbial Threats. Learning from SARS: Preparing for the Next Disease Outbreak: Workshop Summary [M]. [S. l.] :National Academies Press, 2004.

[30] BROOKES Tim, KHAN Omar A. Behind the Mask: How the World Survived SARS [M]. Washington: American Public Health Association, 2005.

[31] HAYS J. N. Epidemics and Pandemics: Their Impacts on Human History [M]. [S. l.] :ABC-CLIO, 2005.

[32] KLEINMAN Arthur, WATSON James L. SARS in China: Prelude to Pandemic [M]. Redwood City: Stanford University Press, 2006.

[33] LEE Grace，WARNER Malcolm. The Political Economy of the

SARS Epidemic: The Impact on Human Resources in East Asia [M]. London: Routledge, 2007.

[34] DOHERTY Peter C. Pandemics: What Everyone Needs to Know [M]. New York: Oxford University Press, 2012.

[35] DAVIS Ryan A. The Spanish Flu: Narrative and Cultural Identity in Spain1918 [M]. New York: Palgrave Macmillan, 2013.

[36] TYSHENKO Michael George, PATERSON Cathy. SARS Unmasked: Risk Communication of Pandemics and Influenza in Canada [M]. Quebec: McGill–Queen's Press – MQUP, 2014.

[37] SPINNEY Laura. Pale Rider: The Spanish Flu of 1918 and How It Changed the World [M].[S. l.] : Public Affairs, 2017.

[38] RIVER Charles. The 1918 Spanish Flu Pandemic: The History and Legacy of the World's Deadliest Influenza Outbreak [M]. [S. l.] : CreateSpace Independent Publishing Platform, 2017.

[39] BREITNAUER Jaime. The Spanish Flu Epidemic and Its Influence on History: Stories from the 1918–1920 Global Flu Pandemic [M]. South Yorkshire: Pen & Sword Books Limited, 2019.

期刊论文

[1] 周薇.征战SARS [J].中关村，2003（2）：85–88.

[2] 李仪.戴口罩讲科学 [J].中国防伪，2003（6）：21.

[3] 张庸.日本四日市哮喘事件 [J].环境导报，2003（22）：31.

[4] 杨大成，刘允侠.口罩的来历 [J].中华医史杂志，2006

（4）：226.

[5] 王斌全，赵晓云.口罩的发展及应用[J].护理研究，2007（9）：845.

[6] 黄瑞玲.亚文化的发展历程——从芝加哥学派到伯明翰学派[J].理论视野，2007（11）：77-81.

[7] 李美珠.口罩的来历和功能[J].新农村，2008（4）：29.

[8] 江南.趣话口罩发展史[J].发明与创新，2010（7）：41-42.

[9] 杨杰.口罩的历史[J].世界环境，2010（4）：8.

[10] 佚名."四日市哮喘"事件[J].世界环境，2011（4）：7.

[11] 李颖.1918年大流感对美国的影响初探[D].上海：华东师范大学硕士论文，2011.

[12] 由然.伦敦：告别雾都[J].中国石油企业，2012（4）：51.

[13] 欧军.口罩趣史（上）[J].农村青少年科学探究，2013（5）：71-71.

[14] 黄瑞玲.亚文化：概念及其变迁[J].国外理论动态，2013（3）：44-49.

[15] 高晓龙.伦敦："雾都"六十年[J].中国生态文明，2014（1）：32-33.

[16] 张璐晶.伦敦：治霾60年仍任重道远[J].中国经济周刊，2014（1）：78-80.

[17] 佚名.伦敦烟雾事件[J].世界环境，2014（1）：7.

[18] 张璐晶.伦敦：治霾60年仍任重道远[J].决策探索（下半月），2014（4）：78-80.

[19] 陈华文.洛杉矶是怎样治理雾霾的[J].中国保险报，2014

（7）：78-80.

［20］苏岳峰.洛杉矶雾霾之战的启示［J］.福建理论学习，2014（9）：34-37.

［21］关山远.雾霾改变历史：日本小仓与原子弹擦肩而过［J］.四川党的建设，2015（4）：116.

［22］白丽群.1910 ~ 1911年东北大鼠疫与哈尔滨公共卫生体系的建立［D］.哈尔滨：黑龙江省社会科学院硕士论文，2015.

［23］孙建武.美国治理雾霾的秘诀［J］.宁波经济（财经视点），2016（1）：45.

［24］王雨珂.日本雾霾的治理及其对我国的借鉴作用［J］.技术与市场，2016（7）：394.

［25］郐时民.口罩溯源［J］.文史天地，2016（11）：94.

［26］李忠东.洛杉矶的“治霾”之路［J］.防灾博览，2017（2）：66-75.

［27］西土瓦.为空气质量而奋斗——洛杉矶见闻之四［J］.上海质量，2018（5）：74-78.

后　记

有经验的读者每当拿起一本新书，总喜欢先翻阅一下目录前言后记之类。若是后记足够精彩，读者对全书的兴致会大涨。反之，读者对书的第一印象则大打折扣，甚至对正文也会感到兴味索然。由此，后记虽然被放在书的最后，看似很不起眼，但著者切不可大意、漫不经心，须端正态度以待之。正如傅雷先生说过："一个人只要真诚，总能打动人的。"写好一篇后记，其实也不用堆砌过多华丽的辞藻，而需要用真实和真诚回报读者。

既然如此，我们必须实事求是地向各位读者坦白一件心事。这本小书并非吾等学术研究历程的既定规划之作，亦非著者多年潜心钻研该领域的集中呈现，而是我们灵感碰撞、有感而发的即兴之作。换言之，这本小书的诞生其实相当偶然。众所周知，新冠疫情让口罩着实"火"了一把。高福进应邀在《光明日报》《解放日报》等重要报刊上，发表了一系列关于口罩历史与文化的文章。这些文章其实是其长期研究西方文化史学术积累所获得的"副产品"。未曾想，文章一经发表，引发了许多学界挚友和亲朋好友的浓厚兴趣和热烈关注。他们纷纷来电来函，在分享阅读感受之余，也反映了他们共同的心声——这些关于口罩的文章让人意犹未尽，不够过瘾，迫切期待后续能围绕口罩展开更为系统而深入的探讨。作为同事，周凯当然也是众多"煽风点火者"之一。

“为何不干脆写一本专门探讨口罩的小书呢？”这正是本书诞生的关键一问。现如今，地不分南北，人不分老幼，口罩已变成了人们离不开的生活必需品。纵观全球，佩戴口罩也逐渐被世界各国民众所接受，成为人类社会众志成城共同抵御新冠病毒的重要标志和象征符号。在当前和未来很长一段时间里，口罩或许将一直伴随着我们，保护着我们，影响着我们。然而，口罩其实是我们身边最熟悉的陌生之物。今天的口罩是如何发展演变而来的呢？一片轻薄的口罩背后蕴藏着哪些厚重的历史文化故事？戴口罩为何会引发中西方社会的各种争议？口罩将带给人类社会哪些深远的影响？上述这些问题恐怕并不是人人都曾想过，也不是人人都能回答的。如果可以从文化史和社会史的角度，对口罩的前世今生进行一番细细梳理与解读，未尝不是一件有趣且有意义的事情。这一大胆的想法立即让我们心潮澎湃，激动不已。

那是一个阳光明媚的周日下午，我们都没有选择随家人外出踏青，而是留在家中用微信你来我往地交换着彼此的想法和思考。这本小书的基本样貌其实就是在那个时候大致确定下来的。经过这一波坦诚而深入的思想碰撞，我们很快达成了统一意见和思想共识。虽然吾等专业所长皆不是口罩文化史（恐怕全国高校的历史系中研究口罩的专家也不多），但我们的科研基本功和跨学科视野足以支撑我们完成共同的想法：写一本关于口罩的兼具学术性和通俗性的小书。这本书或许达不到学术专著的精深，却能展现学术思辨的魅力；或许达不到通俗类读物的简单明了，却能循循善诱、引人入胜。总之，这应该是一本老少皆宜、发人深思的大众读物。

诚然，这本小书的横空出世颇有一些偶然性和戏剧性，但其内容的编排与打磨绝对足够用心、真诚。本书的定位是学术通俗类读物，试图将学术视野、理论洞察、跨学科思维与深入浅出、生动鲜活的表达结合起来，呈现给读者的是一本打通古今、史论结合、雅俗共赏的精心之作。它既有关于中国历史中口罩踪迹的寻觅，又有关于世界文化里口罩身影的探究；既有历史纵向维度的梳理，又有现实横向维度的扫描；既有关于口罩的庙堂之争，又有关于口罩的市井传说……总之，本书力求以小见大，见微知著，挖掘小小的口罩背后所折射出的人类社会和现实世界的千姿百态。这本关于口罩的小书，虽有应景之嫌，但绝非敷衍之作。对我们而言，如果能让读者在轻松的行文和鲜活的案例中，获得一些围绕口罩而来的思索、感悟、心得，甚至疑惑，这都可谓是我们莫大的欣慰。

在本书谋篇布局和分工协作中，著者充分结合各自学术擅长，发挥彼此的专业优势，特色彰显，优势互补。其中，高福进主要担纲第一章至第三章的内容撰写，周凯则负责其他章节的写作及统稿。在写作风格上，我们尽可能在全书整体一致性和局部章节个性化之间取得平衡，从而让读者在阅读过程中能平稳过渡。

在此，我们要特别感谢上海交通大学出版社前总编辑李广良对本书出版所给予的大力支持和倾力帮助。感谢上海交通大学出版社策划编辑赵斌玮和樊诗颖、责任编辑何勇为本书能与读者见面所付出的大量心血和努力。此外，著者还要感谢上海交通大学马克思主义学院影响力提升项目的慷慨资助。在本书的写作过程中，著者的硕士研究生孙小旋、强薇、崔唯一、马峥、李鸿远不辞劳苦、全力以赴地收集与整理了各类相关资料，研究助理李诗靓、李莉、周天宇兢兢业业、任劳任怨地检索与翻译了大量有关口罩的历史图片和外文文献，他们为书稿写作的顺利完成提供了重要的帮助和支撑。最后，我们还要深深地感谢家人们的理解、支持和包容。

本书的所有错漏及不足之处均完全由著者负责。由于学识和水平均属有限，书中仍然存在的问题，尚请广大读者不吝指正，以待将来修订。

本书著者

2020年8月于

上海交通大学思源湖畔